B A S I C   D E S I G N

设计

罗瑜斌 ·············· 编著

中国建筑工业出版社

前言

随着科学技术的进步和互联网的发展，全球已经步入数字化信息时代，日新月异的信息媒介带给人们全新的视觉体验，为设计开启了新的窗口。设计在现实社会中发挥着越来越重要的作用，成为推动社会经济和文化发展的新动力。

当今设计已是无处不在、无所不及、无人不用。大到城市设计、景观设计、环境艺术设计、建筑设计，小到标识设计、产品设计、手工艺品设计、网页设计，等等，我们生活在被"设计"的世界。面对如此多的设计产品、类型，究竟应该如何认识设计、理解设计乃至运用设计？《基础设计》一书将带您走进设计的殿堂，领略设计美学、解读设计原理、理解设计方法以及学会设计表达。

本书主要包括以下内容：

认识设计——设计的概念与发展、过程与表达。通过解析设计的内容与形式的关系，让读者理解"以物载道"的道理，用形式反映内容蕴含的理念、道理和文化的意义。内容决定形式，形式受内容限制。一个优秀的设计必定是形式对内容的完美表现。

理解设计——设计的概念元素、关系元素、视觉元素。设计需要通过一定的形式予以体现。点、线、面、体是设计的基本概念元素，这些元素之间通过一定的分解、组合，能产生和谐与变化的关系，元素加入不同的色彩、肌理能更加形象、直观地传达设计的内容和主题。

运用设计——设计的造型方法与形式美法则。设计形式需要对设计元素运用一定的造型方法，如单元类聚集法（加法）、分割类（减法）、变形法（乘法）等，使其根据设计内容进行形式创造。创造的新形式既要符合设计内容的要求，满足人们生活、生产的需求；同时也要符合人们的审美情趣，体现"设计源于生活而高于生活"的道理，体现设计的艺术价值和实用价值。因此，需要根据形式美法则对设计形式进行推敲，使其产生美感的同时又不失实用性。

本书既包含了"三大构成"中平面构成、色彩构成与立体构成的相关知识，又打破了以往基础设计课程教学中所呈现的机械化、割裂化、简单化的格局局限。基础设计课程目的是解决如何认识、如何理解、如何运用设计的问题，即培养如何看、如何想、如何做的综合基础设计能力的问题。如何看，涉及每个人对不同事物的观察视角和发现问题的能力，发现问题往往是设计的最初动因；如何想，需要学生理解设计形式与内容逻辑的关系，对发现的问题进行感性与理性的分析，寻找解决问题的思路；如何做，涉及选择何种工具、材料、技法等表达设计构思。为了达到以上三方面的培养目标，学生必须对设计的形态要素——点、线、面、体有系统的认识，对设计的视觉语言——形、色、质乃至设计的造型方法和形式美学有深入理解，才能灵活地实现从构成到设计的转换。

　　本书采取循序渐进、启发引导的方式，既详细阐述了基础设计知识，又系统介绍了设计的思维、方法和应用，同时结合大量的古今中外优秀的设计案例对各章节内容进行解析，易于初学者理解设计的本质。本书按照由浅入深、理论与实践相结合的原则安排内容，旨在引导学生从感性认识中寻找设计逻辑，从理性规律中掌握设计方法。本书既可作为高校艺术设计相关专业的基础设计教材，又可作为艺术设计相关领域从业者和业余爱好者的参考资料。

编者

2022 年 11 月

目录

第一章

认识设计

提到设计，你会想到什么？家居设计、产品设计、环境设计、建筑设计、工艺设计、形象设计、美术设计……可谓五花八门、包罗万象。背后的事实是，我们的生活已经是被"设计"了的生活！设计无处不在，设计存在于一切人类创造的活动中，存在于所有艺术领域，如绘画、雕塑、摄影以及所有的现代媒体，如电影、视频、计算机图像和动画中；存在于所有工艺领域，如陶瓷、纺织品、玻璃制品；存在于所有视觉艺术领域，如建筑、园林、城市规划，等等。事实上，不论是好是差，不论是二维或三维的，所有的人工制品都包含设计，设计影响着人们的生活。人类学之父爱德华·伯内特·泰勒（Edward Burnett Tylor）在《原始文化》中提到："文化，即人类在自身的历史经验中创造的包罗万象的复合体"，因此，设计也是一种文化现象。

第一节 设计的概念

"设计"在现代汉语词典里是一个组合词，有筹划、设计、设想、计算、设置、计谋、绘图等释义，其意是对要开展的事情进行设想、计划、规划，也就是设计者为了一个功能性或装饰性的问题而提供可视的、创造性的解决方案，这种解决问题的创造性活动就是设计。

设计是为了解决一个问题而进行的创造性的努力。设计是创造性的活动，是一种开拓。概括地讲，凡是有目的的造型活动都是一种设计。设计不能简单地理解成物件外部附加的美化或装饰，设计是包括功能、材料、工艺、造价、审美形式、艺术风格、精神意念等各种因素综合的创造。设计是一种视觉形式的创造性活动，是基本的造型要素与创意方法相结合的产物。设计涉及内容与形式两个方面，一方面，内容决定形式，

形式受内容的限制，以内容的有效传达为前提。一个优秀的设计必定是形式对内容的完美表现。另一方面，形式在服从内容的同时也具备相对的独立性，正因为如此，设计对形式表现的追求才有实现的可能。这里所说的形式的相对独立性，是指形式可以成为独立的设计要素，但本质上难以脱离内容。形式对内容有一定的辅助作用：

（1）辅助表达内容。设计形式可以直观地呈现抽象概念。

（2）辅助诱导交流。形式可以超越语言、文字等障碍，更易于解读。

（3）辅助渲染气氛。形式有利于增强画面的艺术效果，有助于观者潜意识的判断与决策。

图1-1是日本平面设计大师福田繁雄在1975年为纪念"二战"结束30周年设计的海报，采用类似漫画的表现形式，创造出一种简洁、诙谐的图形语言，描绘一颗子弹反向飞回枪管

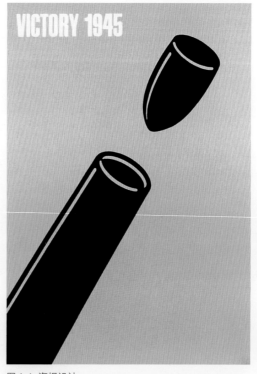

图1-1 海报设计

图 1-2　产品设计

图 1-3　家具设计

的形象，讽刺发动战争者自食其果，含义深刻，获得了国际平面设计大奖。图 1-2 是获得 2022 年德国"IF 最佳产品设计奖"的一款可折叠智能手机，具有普通智能手机的所有功能，且有可弯曲的显示屏，可以对折，方便放入口袋，能让用户以不同的角度拍摄视频，外观时尚。图 1-3 是现代主义建筑大师密斯·凡·德·罗（Mies Van der Rohe）为 1929 年巴塞罗那世界博览会的德国馆设计的巴塞罗那椅，椅子简洁、舒适，体现了现代主义极简美学，自身也成为展品之一。

第二节　设计的发展

设计的活动伴随着人类的诞生经历了 300 多万年漫长的历史发展，自从有人类开始，人们便有意无意地进行着各种设计活动，从最初原始社会的生产工具到之后手工业时期的制陶、玉石、骨角工艺，再到 18 世纪伴随着工业革命产生的现代设计艺术，设计从最初的意外萌芽，到发展成熟，再到如今已渗透到各行各业，成为数字信息时代的弄潮儿。以美学为主的设计潮流将文化创意与数字科技结合，产生了极具竞争力的巨大的商业价值，开启了消费体验的全新认知（图 1-4）。

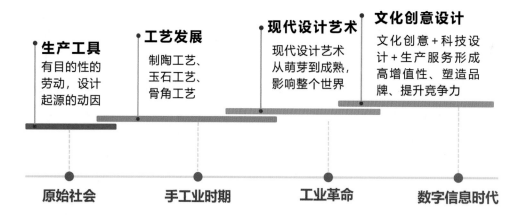

生产工具
有目的性的劳动，设计起源的动因

工艺发展
制陶工艺、玉石工艺、骨角工艺

现代设计艺术
现代设计艺术从萌芽到成熟，影响整个世界

文化创意设计
文化创意+科技设计+生产服务形成高增值性、塑造品牌、提升竞争力

原始社会　　手工业时期　　工业革命　　数字信息时代

图 1-4　设计发展四阶段

一、原始社会设计的萌芽

考古学上将原始社会时期称作"石器时代"。原始人主要使用石制工具进行劳动。根据石器制造技术进步情况，原始社会时期经历了旧石器时代、中石器时代、新石器时代三个阶段。石器是人们最主要的生产工具，这一时期是设计的萌芽阶段，以实用为主。在旧石器时代，原始人为了生存有意识地、有目的地挑选石块，打制成石斧、石刀、石铲等各种工具便于劳作（图 1-5）。到了新石器时代，原始人磨制石器不只是为了使石器光滑美观，且能使之工整、锋利。最后有的还进行钻孔，便于装柄或携带，以提高实用价值。

图 1-5　原始人制作的劳动工具

二、手工业时期工艺的发展

历史上将"采集"和"狩猎"向原始农业、原始畜牧业的演进，称作人类社会第一次劳动大分工，原始人从早期的居无定所到形成原始聚落。原始社会的生产力发展加快，金属工具使原来附属于农业的手工业生产技术愈益改进，生产劳动日益多样化。由于人们活动范围扩大，一个人不可能承担所有的生产活动，一些生产活动必须分别由专人来承担。于是，原来与农业结合在一起的原始手工业，逐渐与农业分离，产生独立的手工业生产部门，即人类历史上第二次社会大分工。手工业时期是设计的发展阶段，设计常常带有社会功利目的，出现等级森严的制度和权力观念。这一时期出现了制陶工艺、玉石工艺和骨角工艺等。商代青铜业的繁荣，带动了其他行业的发展。它使商代手工行业的分工越来越细，出现了所谓的"百工"。工匠们在各行各业做出了许多发明创造。陶工们不仅烧制日常用器，还用高温烧制出精美的白陶和原始瓷；制作玉石和骨牙器的工匠，能镶嵌、雕琢出美丽绝伦的玉器、石器、骨器和象牙器；纺织工匠已经发明了有简单提花装置的织机，

图 1-6　鹳鱼石斧纹彩陶缸

图 1-7　司母戊鼎

能织出暗花绸一类高级丝织品。此外，漆木制造、舟车制造、建筑业等也都得到了极大的发展。物品的生产不仅关注实用，也通过外观的精美设计凸显其价值，从而体现拥有者的身份和地位。

图 1-6 是距今 6000 多年仰韶文化的藏具鹳鱼石斧纹彩陶缸，上有迄今为止中国最早、面积最大的一幅陶画。陶画上画了鹳鸟、鱼和石斧三样东西。它们的关系很鲜明：鹳鸟叼着鱼，面对着竖立的石斧。原始先民用墨线勾勒出鱼和石斧的外形，然后填色，而鹳鸟没有边线就直接上色了。这恰恰是中国传统绘画的两大技法"勾勒法"和"没骨法"。从线及面，再从面到体，这说明原始先民已不再满足于在陶器上画画，而是尝试着在造型上做突破。

图 1-7 所示的司母戊鼎是中国商代后期（约公元前 14 世纪—公元前 11 世纪，距今 3000 多年）王室祭祀用的青铜方鼎，相传为商王祖庚或祖甲祭祀母亲（即商王武丁之妻）所铸，是商朝青铜器的代表作。司母戊鼎器型高大厚重，形制雄伟，气势宏大，纹饰华丽，工艺精巧，鼎身四周铸有精巧的盘龙纹和饕餮纹，饕餮是传说

中喜欢吃各种食物的神兽，把它铸在青铜器上，表示吉祥、丰衣足食，鼎身的纹饰增加了物品的威武凝重之感。

三、工业革命现代设计艺术的成熟

18 世纪 60 年代，英国爆发工业革命，设计也随之发生了显著的变化，直到 19 世纪末，欧洲国家先后完成工业革命，设计也最终完成了从传统到现代的转变。对于现代设计而言，其与传统设计都属于物质和精神活动的结合物，可以在一定程度上带给人们美的享受，丰富人们的精神境界。随着工业革命的到来，机械化程度不断深入，设计不再依托传统的手工制造转为机械化大生产，从而提升了设计的效率以及水平。新的生产方式、新的材料运用、新的设计模式（设计与制作、生产与销售完全分离）、新的社会化大生产（超越国界、超越民族）使得设计推动全人类的生产方式变革，改变了人们的审美与生活方式。在当今社会生活中，现代设计参与并影响着人们的生产、生活。艺术设计、环境艺术、工业造型等各个领域，都直接或间

图 1-8 包豪斯设计学院

接受到"包豪斯"（Bauhaus）的影响，或多或少有其设计理念的意识存在，如"艺术与技术相结合"的指导思想，产品的使用价值与审美价值的辩证关系等。包豪斯是现代设计教育的发源地，也是欧洲现代主义的核心发源地。

德国包豪斯设计学院成立于 1919 年，是世界上第一所完全为发展设计教育而建立的学院（图 1-8、图 1-9），是由德国著名现代主义建筑与现代主义设计的奠基人瓦尔特·格罗皮乌斯（Walter Gropius，1883—1969）建立。格罗皮乌斯从建筑必须适应现代工业社会的观点出发，提出建筑师、艺术家和画家要"面向工艺"，重视功能、技术和经济的现代派建筑、设计观点，鼓励形式创新，第一次建立了现代设计教学方法。包豪斯设计学院强调技术和艺术的和谐统一，通过教学体系的改革，使学生的视觉敏感度达到理性的水平，对材料、结构、肌理、色彩有科学的、技术的理解，而不是个人的见解。强调集体工作是设计的核心，提出艺术家、企业家、技术人员应该紧密合作，学生的作业和企业项目密切结合，这些思想的指导作用一直延续到现在。包豪斯设计学院培养的杰出设计师把现代设计推向了新的高度，其精神、观念与方法在相当长的时间被奉为现代主义的经典。

四、数字信息时代的文化创意设计

随着科学技术的进步和互联网的发展，全球已经步入数字化信息时代，各种新技术层出不穷，数字信息媒介的日新月异带给人们全新的视觉体验，为设计开启了新的窗口，设计将融合文化创意与数字技术再次引领社会发展。创意设计在现实社会中发挥越来越重要的作用，成为推动经济社会和文化发展的新动力。创意设计不再是孤立的存在，而是融入各行业各领域，成为促进诸多行业领域转型升级的重要推动力。文化创意和设计服务处于产业链的高端，不仅具有高知识性、高增值性和低能耗、低污染等特征，而且对于提升各行各业的产品和服务品质，增加附加值、塑造品牌、提升市场竞争力具有重要意义，创意设计将会是新时期文化产业转型升级发展的原动力。

图 1-9 包豪斯设计学院校长办公室所呈现的工业风

第三节　设计的过程

　　好的设计作品归功于好的创意。学设计的同学常常感到困惑："如何才能得到好的设计创意？"几乎每个从事与设计有关工作的人都会遇到这种窘境，即使职业设计师、艺术家也不例外。可是，留心观察就会发现，灵感创意并不是在我们冥思苦想的时候产生的，有时候在淋浴、吃饭或者散步等看似与设计不相干的情况下，一个创意可能就迸发了。我们不必过于关注为什么此时此刻突然就有了意外的解决之道，但毫无疑问，这种创意想法一定与我们无时无刻不在思考、观

察、手绘草图有关。因此，创意的产生离不开"想、看、做"，它们是交替发生的，可能同时进行，也可能重复地来回进行。

　　设计中"想"的过程通常是确定内容和形式关系的一场论战。"想"是从理解需要着手的问题开始的：明确具体要得到什么（想要获得什么功能、视觉或认知效果）；有无视觉风格的要求（直观、抽象、非写实等）；有什么具体限制（尺寸、颜色、媒介等）；解决方案的最后期限。设计一旦有了特定的主题或信息，"想"就变得格外重要。如何以视觉语言传达观念呢？第一步，按逻辑推理去想象哪些图像

或画面可以表达主题，并将它们一一列出。另外一种做法可能更好：既然所要求的是视觉效果，就将它们快速画出草图。那些设计中常见的符号就是很好的例子，当然你还可以想到更多。通过与其他人进行探讨，你可以拓展思路，他们可以给你提供未曾想过的建议。就像职业设计师通常会借助市场调研报告，因为它能反映大多数人的想法与需求。

"看"是所有设计师、艺术家都要接受的早期教育。它是指观察自然物和人造物的过程。人们观察植物与动物如何适应环境，并从中获得灵感。自然的结构，从蜂巢到鸟类的翅膀，都为我们有效地进行设计提供了很好的范例。以大自然作为来源的作品，有些很容易发现，有些却很难辨别出来——也许在画草图或早期工作阶段有所体现，但在最终成稿中却几乎隐形。无论如何，在这里，我们要把作品的来源与主题区别开来。来源是指图形或想法之类的刺激性因素。举个例子，图1-10所示的油画作品是亚瑟·达夫（Arthur Dove）的《树的构成》。这幅作品的来源已经被极度抽象，它表现的主题是一些螺旋形的形式和能量——这是达夫从树中所看见的。不仅要观察自然，还要观察人造物。人们在创造物品时已经包含了特定时代的历史文化，因此我们观察人造物，

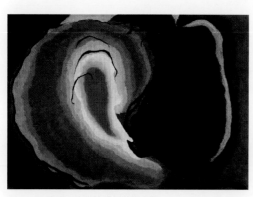

图1-10 亚瑟·达夫的《树的构成》

比如建筑、手工艺品、美术作品等，不仅需要观察其外形，还要了解其生产背景以及蕴含的精神和寓意。《易经·系辞》有云："形而上者谓之道，形而下者谓之器"，以物载道，用器物来反映蕴含的理念、道理、文化。"道"是造器之所以成形的目的，而"器"是实现传道的一种方式。

"做"从视觉试验开始。对于大多数艺术家与设计师来说，视觉试验就是思考材料的过程。反复试验、直觉感受、慎重应用都是付诸行动的手段。在做的过程中理念开始转化为形式，无论是在最初的起草阶段，还是最后的完成阶段都是如此。艺术家埃娃·黑塞（Eva Hesse）对材料有两点精辟的见解："一是材料本身没有生命，直到它被创造者赋予形式；二是材料的潜能决定其最终形态。"我们会在一边做的过程中一边推进解决问题的进度，即使是重做也没有关系，因为创造的过程本来就是反复验证的过程，推倒重来并不代表一无所获，要相信，设计的过程往往比设计的结果更值得关注。

第四节 设计的表达

与设计涉及内容与形式两个方面对应，设计的表达也需要兼顾内容准确，形式美观的特点。设计的表达方式，即"设计媒介"，包括图、文、形三方面内容，可将其归纳为三种表达类型。

一、二维表达——图纸

用"图"说话是设计表达的特点，"图"也是设计表达的主要方式。设计图是设计者用于表达设计意图、用作实施依据的应用绘图。设计

图纸有手绘图纸和电脑图纸。手绘图可用铅笔、钢笔、针管笔、马克笔、彩铅、水彩笔等在绘图纸、硫酸纸、水彩纸上进行绘制。通常手绘图又可分为草图和正图（图 1-11），设计构思阶段通过绘制设计草图完善设计理念，成果表达阶段通过绘制正图形成设计成果。电脑图纸可用 AutoCAD、Photoshop 等设计软件进行绘制，这些计算机辅助设计软件可有效提高工作效率，形成更为直观完整的设计成果。

二、三维表达——模型

模型是对设计形体加以模拟，使得设计形象与所处的环境更为直观。模型的制作有助于理解设计意图，培养造型设计表达能力，提高

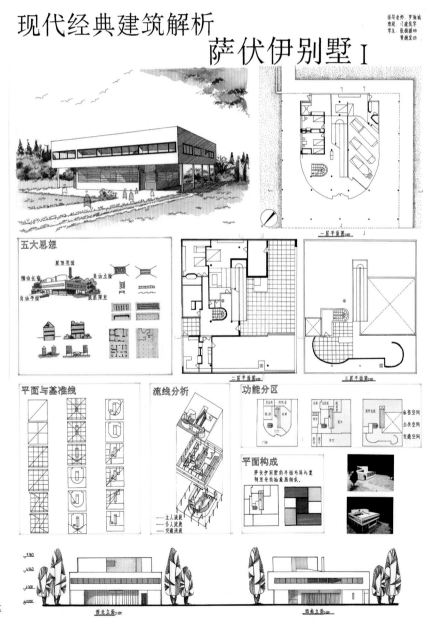

图 1-11 手绘表达
正图（a）

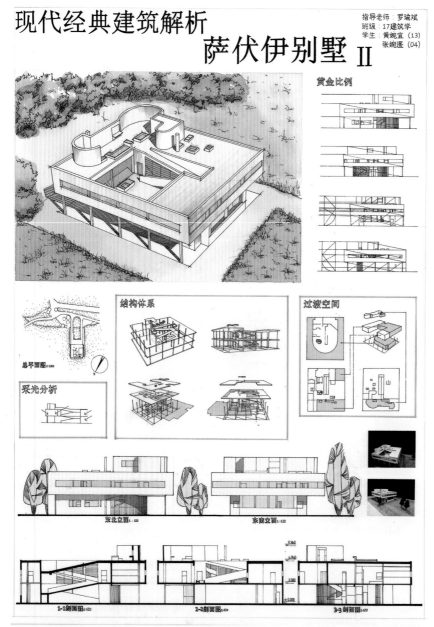

图 1-11 手绘表达正图（b）

空间思维能力。从用途的角度来说，模型可分为设计模型、表现模型、展示模型。设计模型又称为工作模型，用于推敲设计方案。表现模型又称为成果模型，通常根据设计图纸按照一定的比例进行准确制作，力求还原真实的设计效果，如图 1-12 所示就是根据理查德·诺伊特拉（Richard Neutra）的考夫曼沙漠别墅和安藤忠雄（Tadao Ando）的小筱邸的设计图纸，按照 1：100 的比例进行制作的，模型的色彩和材料均要求反映设计意图。展示模型又称为宣传模型，通过夸张的造型、色彩乃至细节，吸引人们注意，以达到更好的宣传效果。如售

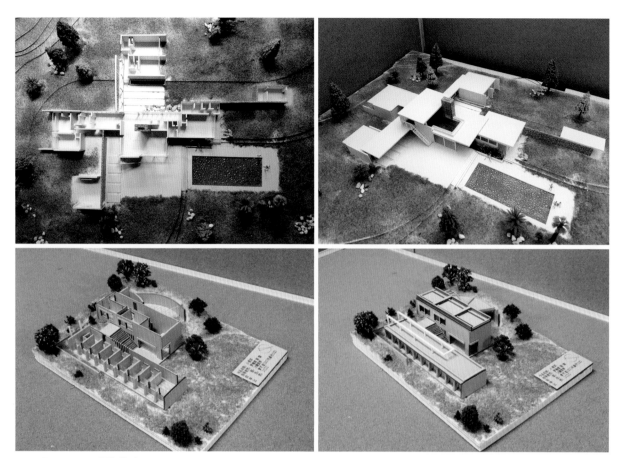

图 1-12 手工制作模型

楼处通常会展示小区楼盘模型，而这些模型通常会将局部的装饰细节放大，使其获得比真实的楼盘更美观的效果。从制作工艺的角度而言，模型又可分为电脑制作模型、手工制作模型（图1-12）和机械制作模型等；从材料的角度又可分为纸质模型、塑胶模型、木质模型、复合材料模型等。电脑制作模型可用 CINEMA 4D、SketchUp 等计算机辅助设计软件建模，帮助推敲设计形体。

三、文字表达——设计说明

用语言、文字对设计构思图、材料做法加以深入的概括和详尽的阐述。设计说明实际上是图形表达的深入和补充。设计说明可置于图纸内，也可单独形成文本。通常置于图纸内的设计说明应言简意赅，交代设计背景、设计理念、设计推导以及设计成果。单独形成文本的设计说明则比较详细，会包括设计前期调研内容以及现状问题分析，针对现状问题提出设计解决方案。

【单元思考与练习】

思考

1. 简述什么是设计？设计的目的是什么？

2. 设计的发展经历了哪些阶段？每个阶段有什么特点？

练习

目的： 训练从生活和自然中观察、发现、提炼基本形态元素的能力，形成自己的视觉语言养分。

要求：

1. 每日用数码相机/手机拍摄，捕捉自然/生活中吸引你的形态，并思考为什么会被吸引，注意观察照片中的点、线、面、体等元素。

2. 单张照片尺寸6cm×5cm，月底挑选出30张照片用Photoshop制作在A3（420mm×297mm）的白纸上，横向排版，形成一份视觉月记，鼓励坚持每月制作一份（图1-13）。

图 1-13 视觉月记范例

第二章

概念元素

设计的内容千差万别，设计的形式却是有规律可循。我们理解设计的形式可从基本的点、线、面、体入手。大自然和我们的生活环境里任何一个物体缩小到一定程度都可以成为一个点，比如地球是宇宙中的一个点，每个人也是地球上的一个点。地球是个球体，地球上有陆地、海洋，海洋与陆地之间有边界，这个边界就是线，线放大后其实是由无数点组成的，线形成围合后又能把陆地和海洋用面加以区分，所以，点、线、面、体之间是可以相互转化的。点、线、面、体也是一切造型要素中最基本的概念元素，造型艺术不仅由这些概念元素构成，还需要考虑元素之间的相互关系以及元素被赋予色彩、肌理后形成的视觉效果。所以，形的基本要素包括概念元素：点、线、面、体，关系元素：方向、位置、重心等，以及视觉元素：形状、大小、色彩、肌理（质感）等。形态就是事物在一定条件下的表现形式和组成关系，包括形状和情态两个方面。万物的外在表现皆有形，有形必有态，态依附于形。

第一节 点

点是视觉元素中最基本的元素之一，任何复杂多变的形式都是从点开始的。几何学概念所谈的点，仅表示位置，没有大小面积，它表示一条线的开始和结束。而作为造型要素的点，则是被我们感知到的形象，必须赋予视觉要素，使之成为具有一定大小面积和形状色彩的一种具体形式。点的形态是多样的，有规则的点、不规则的点，有具象的点、抽象的点。点的几何形态有圆形、三角形、方形、菱形等，千变万化，其大小、方向、疏密等不同的组合，能够形成不同的节奏与韵律，加入色彩后产生的视觉效果更加丰富。

一、点的大小、位置

点的视觉强度并不和面积大小成正比，太大或者太小都会弱化点的视觉效果。太大的点容易造成面的感受，太小的点又容易被人忽视。所以点的视觉效果要与其背景和周围物体之间形成相互关系，才能很好地表现出来。点与点之间过于密集就会产生线乃至于面的视觉效果，通过疏密的变化又能产生立体感。如图 2-1 所示，通过大小不一的点的巧妙组合，可以表现出凸面、曲面、阴影及其他复杂的立体感。如图 2-2 所示，通过由小变大的点的相互靠近，我们

图 2-1 点的立体感

图 2-2 线化的点

看到了线的视觉效果，这种由点组成的曲线给人活泼、优美、灵动的感受。

二、点的形状、作用

点的外轮廓决定了点的形状，点不只是圆形、方形，它可以是任意形状，自然界所有物体都可以成为宇宙中的一个点。点能够被想象成多种多样的形状；它可以是圆形或接近圆形，不规则形或是有规则形，也可以是近似三角形或者是相对稳定的正方形，等等。点没有一个特定的形象标准，形成点的因素与形状无关，点的形状随感觉而变化，而与大小、空间有关。因此，点是具有空间位置的视觉单位。实点是通过相对的虚点而言，平面中作为图形的点，立体中较小的实块都是实点。虚的点指平面构成的图底转换而形成的点。如图2-3所示，在黑色的底图衬托下白色的点可以看成是图中的虚点，而黑色的点可以看成是实点。如图2-4所示，水滴落在水面上形成独立的点与联合的点，从点的视觉感受来看，显然独立的水滴更有点的感受，而联合的点已经被拉长，与水的倒影形成

了连续的线的感受，水面上的点尽管是透明的，但相对水中的倒影而言，却是实点，倒影则成为虚点。

三、点的视觉张力

在一个相对稳定的平面环境中，单点的位置暗示出多种心理感受。当点居于画面中间的时候就会给人一种平静、集中的视觉感受。如果点的位置偏上、偏下，或偏左、偏右都会给人一种不安定的视觉感受，容易造成紧张感。两点间的张力能引导视觉的移动，依据大小、近远、实虚的顺序在两点间移动。因此，当画面中出现两个点并各自具有独立的位置时，便出现了长度和隐晦的方向，一种内在能量在两点之间产生特殊的张力，直接影响其间的空间。如图2-5所示，当两点大小形状一致时，我们的视线会在两点之间来回移动，两点会产生势均力敌的平衡感，而当其中一个点变小时，我们会有种大点被小点吸引的感觉，当三点呈三角形均衡分布时，我们能感受到点与点之间相互吸引，而又达到稳定平衡。

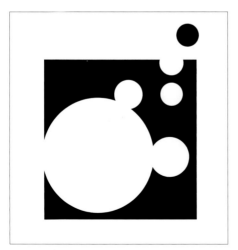

图 2-3 点的虚实

图 2-4 水滴产生的点

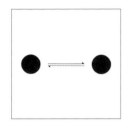 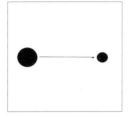 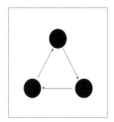 

图 2-5 点的张力

图 2-6 Wi-Fi 符号的点

四、点的应用

点具有很强的视觉张力，当平面中心出现点的时候我们的视线很难从这个点上移开，这对突出重点内容和主题含义有很大的帮助。图 2-6 是我们每天都在用的网络 Wi-Fi 符号，当你看到这个符号时视线一定会被中间的点所吸引。

在周围高楼林立之下，我们依然能够一眼就被东方明珠电视塔上的圆点所吸引（图 2-7）。英国《今日建设》杂志曾评论道："伦敦有塔桥，巴黎有埃菲尔铁塔，上海有东方明珠。"坐落于黄浦江畔浦东新区陆家嘴的东方明珠，是上海最具标志性的文化景观。同伦敦塔桥、巴黎埃菲尔铁塔一样，它不仅仅具备建筑应有的使用功能，更书写着与众不同的城市美学。设计师江欢成创造性地化用了"大珠小珠落玉盘"的东方古典美学，富于想象地将 11 个大小不一、高低错落的球体从蔚蓝的天空串联到草地，而两颗宛如红宝石的巨大球体则晶莹夺目，描绘了一幅既古典又科幻的城市画卷。

图 2-7 上海东方明珠电视塔

图 2-8 靳埭强设计的"香港著名画家十三人展"海报

图 2-8 是平面设计大师靳埭强 1989 年为在日本名古屋举办的"香港著名画家十三人展"设计的海报。设计师除了要表现中国水墨画这个主题外，还希望表现出中日交流的意象。海报创造性地用毛笔的工具和笔触表现出水墨画种的特点，石砚与墨线组成了"中"字，与毛笔相对应的红点是代表日本的红点，在海报中间连成中轴线，左右对称，留出大片余白，造成强烈的虚实空间对比，传达了中国传统美学以及蕴含的中日艺术交流。

第二节　线

　　线可以看成是点的轨迹，面的交界，体的转折。我们习惯于将线看作形的边缘，形的限定。它依附于形，看起来好像是静止的；其实，线的空间形态远远要比点的形态复杂得多。线

是造型元素的重要元素之一。在几何学上，线不具有面积，只有长度和位置；但在造型中，线不仅具有长度，其宽度也是非常重要的因素，宽度的改变甚至会改变线的特征和个性，线还有面积。只是当线的宽度比长度小许多，线的长宽比越大，线的感觉就越强。从视觉心理学的角度来看，线更强调方向与运动感。

一、线的分类

　　线总体上可分为直线和曲线两大类。直线具有肯定、强性、简洁、力量、明晰、单纯、通畅、明快等特性。线从粗细来分可分为粗直线、细直线、锯齿直线。粗直线具有厚重、稳定、坚强感，细直线具有神经质、敏锐、不牢、柔弱感，锯齿直线具有不安定、焦虑感。曲线包括几何曲线和自由曲线。几何曲线包括圆、椭圆、抛物线、双曲线等，具有女性化、理性、明确、活泼、圆润、柔美等特点。自由曲线是个性化的曲线，表现力丰富，如有力、无力、优美、烦乱、紧张等都可用自由曲线表达。如图 2-9 所示，在细直线与粗直线的组合下构成了人的侧面形象，表现出坚定的视觉效果。图 2-10 是一组优美的

图 2-9 直线的组合

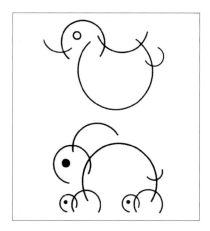

图 2-10 曲线的组合

自由曲线组合，表现出活泼、生动、可爱而有趣的动物形象。

二、线的方向性

线在不同的方向上具有不同的特性。线的方向一般分为水平方向、垂直方向和倾斜方向。水平方向的线具有平和、稳定、寂静、沉闷感。垂直方向的线使人感到挺拔、坚强、严肃、崇高、有力。斜线具有不稳定、运动、活泼等特征。线有很强的心理暗示作用。如图 2-11 是直线的平面构成作品，运用水平方向的线表现了云淡风轻的感觉，疏密有致的水平线表现出天空和水面的平静。垂直线则表现出山体的挺拔雄伟和力量感。

三、线的形态

线有实线也有虚线，有点化的线、面化的线。实线是平面和立体实在的线，虚线指图形之间线状的空隙，点化的线是指点靠得很近时形成的线的视觉效果，面化的线是大量的线密集排列就形成了面的感觉。图 2-12 密集的垂直线形成了幕帘的虚面，线条产生变化后形成了空白又成了虚线，映衬出幕后的主角，虚实相间，有种若隐若现的错觉。点、线、面之间可以相互转化，如图 2-13 所示，圆圈是实线，在图中可以看成是点，通过每个点的线条的粗细、大小、疏密进行排列组合，又形成了半球面的视觉效果。

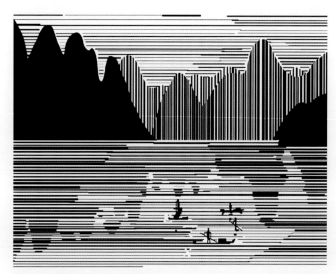

图 2-11 直线的组合表现自然景色

图 2-12 直线的组合表现人工景色

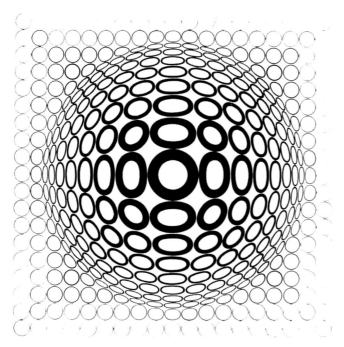

图 2-13 点、线、面的转化

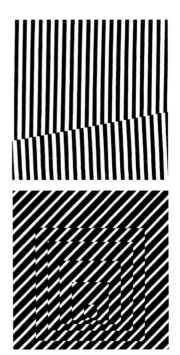

图 2-14 消极的线

四、线的情感

线的类型和方向以及形态组合可以产生不同的情感，从而产生积极的线和消极的线。积极的线主动表现情绪的波动，控制图面的节奏，对图面的其他元素产生引导作用，在设计中表现出积极、兴奋的一面。而消极的线则相反，它被图面中其他元素所控制，受到压抑和限制，往往看上去像是被挤压形成的，在设计中表现出消极、委婉的一面。如图 2-14 上图所示，用刀子把一组平行线的边缘笔直地切齐，另一组平行线也同样地把边缘切齐，然后接到第一组平行线的边缘上，其效果倍增。在两组平行线边缘的交界处，可以明显地感到存在着一条直线，这条直线就像是被上下两组直线挤压形成的，这条直线就是消极的线。下图沿着错开处产生新的线，而且又可看到这些消极线所包围的五个正方形图案。图 2-15 用新颖的方法形成了新型的线条。线的产生原本是两点之间相连的路径，其前提一定是

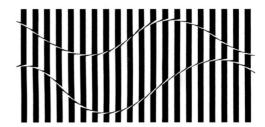

图 2-15 消极的线转化成积极的线

"连续"，但图 2-15 却破坏了这个重要的前提，以不连续的方法形成了非常有趣的线，这组曲线的产生方式看上去像是挤压造成的，却也可感受到其优雅丰富、活跃律动的延伸感。

五、线的应用

线在设计中是重要且常用的基本要素之一，它可以构成具象或者近乎抽象的图像去表现主题，也可以构成抽象的图形使人对主题产生联想。设计师常常根据线的不同特性运用在作品中，从而传达出独特的情感。

图 2-16 2022 年北京冬奥会会徽

图 2-17 2022 年北京冬残奥会会徽

图 2-16 是 2022 年北京冬奥会会徽。会徽主要由会徽图形、文字标志、奥林匹克五环标志三个部分组成。会徽图形是一个不同渐变色相间的汉字"冬"的写意草书，将冬奥会的短道速滑、花样滑冰等冰雪运动员的造型抽象提炼后形成折线和曲线，融入书法的艺术形态，将厚重的东方文化底蕴与国际化的现代风格融为一体。折线表现出速度、坚定、执着，曲线表现出优美、连续、包容，既展现出冬季运动挑战自我、追求卓越的特点，也凝聚了中国传统文化的包容与精深。此外，中间舞动的线条流畅且充满韵律，代表举办地起伏的山峦、赛场和节日飘舞的丝带，为会徽增添了节日喜庆的视觉感受。图 2-17 是 2022 年北京冬残奥会会徽，整体形如汉字"飞"的书法形态，又由上下两部分构成对角线，上半部分可看作一位坐在轮椅上的运动员向前滑行、冲向胜利的形象，形象地表现了冬残奥会使用雪杖、轮椅等特殊运动器械的形态，以及运动员顽强拼搏、身残志坚的坚毅品质。

图 2-18 所示为华裔著名建筑大师贝聿铭设计的苏州博物馆，它北临世界文化遗产拙政园，东邻太平天国忠王府，南与苏州民俗博物馆以及狮子林隔路相望。如何在厚重的历史古迹中运用现代的材料和技术与之协调成为设计的难点。苏州博物馆在屋顶面上用一种被称为"中国黑"的花岗石取代了传统的灰瓦，黑中带灰的"中

国黑"淋了雨是黑色的，太阳一照，颜色则变成浅灰色，为粉墙黛瓦的江南建筑符号增加了新的建筑内涵。屋顶的设计灵感源于苏州传统坡顶景观的飞檐翘角与细致入微的建筑细部，将屋顶的折线延伸至屋身，既打破了苏州传统民居屋顶与屋身分离的传统形式，又巧妙地形成了连续多变的线性视觉效果，完美地融入了周边的建筑环境中。

图 2-18 贝聿铭设计的苏州博物馆

第三节　面

面是线移动围合轨迹的结果，是一个平面中相对较大的元素。面有长度和宽度，是一个实实在在的准"空间"，展示了充实的视觉效果。几何意义的面无方向、无厚度，可无限扩展，但在造型上，面有大小、形状、轻重、厚度。面分为实面和虚面。实面是指有明确形状的能实在看到的；虚面是指不真实存在但能被我们感觉到的，由点、线密集而形成。点的聚集和膨胀，线的闭合或变宽都可以向面转化。面是多变、复杂的，既有长度也有宽度，不仅兼具点和线的各种特性，还有自己独特的属性。

一、面的类型

面按照外形来划分可分为直线面形和曲线面形。直线面形又分为几何直线面形和自由直线面形，曲线面形又分为几何曲线面形和自由曲线面形。

1. 直线面形

（1）几何直线面形：如正方形、矩形、三角形等有固定角度的形，给人安定、可信赖、确定、简洁、井然有序的感觉，如图 2-19 所示长方形、五边形、三角形。

（2）自由直线面形：不受角度限制的形。令人产生较强烈、锐利、直接、大胆、活泼明快、男性化的感觉，如图 2-19 所示不规则直线面、尖角类三角形。

2. 曲线面形

（1）几何曲线面形：如圆形、椭圆形、扇形等有固定曲率的曲线形，表达高贵、整齐。如图 2-20 所示圆形、椭圆形。

（2）自由曲线面形：不具有几何秩序的曲线形，代表优雅、有魅力、柔软、女性化、散漫、无次序、繁杂。如图 2-20 所示不规则曲线形。

在进行面的形态设计时，通常会将直线面与曲线面结合起来，以达到既稳定又不失活泼的视觉效果。如图 2-21 所示是直线面与曲线面的组合，两者相互穿插，整体呈现倾斜的态势但又不失平衡感，形成圆与方的相互交融、穿插，画面和谐而富有韵律感。

图 2-19　直线面形

图 2-20　曲线面形

二、面的形态

面从形态上可分为实面、虚面、点化的面、线化的面和体化的面。实面具有轮廓清晰、内容完整、领域感强的特点，虚面给人的心理感受是神秘、动态、变幻莫测。当设计需要表达某些含蓄、内敛的设计思想时，可用虚面去呈现。实面与虚面兼收并蓄、合理组织，能达到理想的设计效果。点、线的紧密排列都会形成虚面的效果。如图2-22所示，我们把单个音符看成是一个点，音符有实心的点和空心的点，就如音乐有高低起伏、轻重缓急，多点聚集形成了伟大的作曲家贝多芬的脸部轮廓，而脸部空白的虚面则好像是在光照下的高光面，随时都会随光线产生变化，隐喻着这位伟大的作曲家的创作和人生都充满变化。图2-23是电脑画的脸部，通过平行线方向的微妙改变，恰当地表现出曲面构成的脸部复杂情态。

图 2-21 直线面与曲线面的组合

图 2-22 点化的面

图 2-23 线化的面

三、面的应用

在我们的生活中有许多以面的构成作为主要表现形式的作品，对主要面进行叠加、消减、变形，可以创造出丰富多彩、富有层次的视觉形象。比如我们在收拾行李时常用的红白蓝收纳袋，其色彩搭配与风格派画家蒙德里安（Piet Cornelies Mondrian）的作品有相似之处。图2-24是蒙德里安的作品《红、蓝、黄构成》，画面

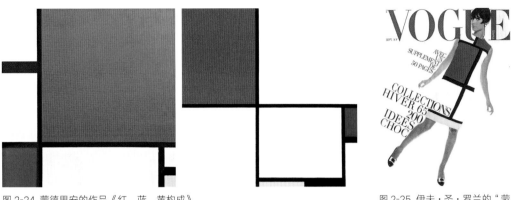

图 2-24 蒙德里安的作品《红、蓝、黄构成》　　　　图 2-25 伊夫·圣·罗兰的"蒙德里安裙"

以几何形、直线、矩形为基本形，通过巧妙地分割与组合，通过控制面积的大小，把平面的意象变成了有节奏的动态画面。以红、黄、蓝、白四种简单明快的色彩填充，理性的几何图形与感性的色彩冲撞，塑造出"冷抽象派"梦幻而现实的氛围。理性、简洁、几何形造型、单纯设色是其画作的特点。

蒙德里安以这种风格来描绘身边和现实中的一切事物，影响了视觉艺术里的几乎所有领域，比如服装设计师伊夫·圣·罗兰（Yves Saint Laurent）第一个将蒙德里安的格子画应用到服装设计上，创造了圣·罗兰经典设计——"蒙德里安裙"（Robe Mondrian）（图 2-25）。裙子的整体款式是时髦、硬朗的 A 字裙版式，让人看上去潇洒、自信，剪裁线条也简洁、流畅，具有很强的线条感。蒙德里安对服饰、家具、室内等多个领域都产生了影响。蒙德里安风格的流行源自于社会发展需求。设计发展到现代设计阶段，是为大众的、民主的和底层老百姓服务的，要让普通人都能消费得起的设计。现代设计必然要朝向低成本、可复制、易施工的方向发展，蒙德里安绘画风格所表现出来的精神内涵正好迎合现代设计发展的内在需要，这也是它得以流行的主要原因之一。

图 2-26 是 2022 年北京冬奥会开幕式五环升起的场景。以雪花为造型的线编织成了象征世界人民大团结的大雪花，体现冬奥会季节及冰雪运动的特征，外围由象征着和平、友谊的橄榄枝围合而成。在繁星点点的璀璨"星空"中，巨大的雪花在冰雪五环的照映下缓缓升起，雪花

图 2-26 2022 年北京冬奥会开幕式场景

的虚面与五环的实线以及星球的影面交相辉映，虚实对比，充满科技感和梦幻感，画面美轮美奂，向世人传达了"和平、团结、友爱、竞争、共处"的奥林匹克精神。

第四节 体

体是面的移动轨迹，是二维平面在三维方向的延伸，有长度、宽度和高度三个维度，有重量、体积和空间。它与二维的平面不同，平面表现的空间深度和层次是幻觉而不是真实的，而体却是可以触摸、可以从不同角度观看的实际物体。体的视觉效果能在不同角度、不同光线下产生变化，能充分显示出其独具的时间性和空间性。

一、体的类型

体是有结构的，根据其外形可分为几何体和非几何体。几何体包括立方体、球体、圆锥体、圆柱体等，具有稳定的视觉效果，将它们进行集合构成，就可以形成为我们所用的建筑、器皿、模型、器具，等等。非几何体是将几何体进行扭曲、膨胀、变形产生的曲面体，具有动态、活泼的视觉效果。如图2-27所示的体是由线转化为面，面转化为体而来的，将规则的立方体进行扭曲后形成曲面体，为了看清其结构及扭转过程，采用水平线为基本元素，充分表现了线、面、体转换时流畅的视觉效果以及从最初立方体的稳定转而趋向曲面体的不确定性。

二、体的形态与心理感受

体的形态与面相似，可分为实体、虚体、点化的体、线化的体和面化的体。实体具有坚实感、空间完整、领域感强的特点，虚体具有轻盈感，在视觉上呈现出灵动、变幻莫测的效果。图2-28为华裔著名建筑大师贝聿铭设计的法国巴黎卢佛尔宫金字塔，是卢佛尔宫地下公共服务空间与展厅空间的入口。其在设计之初饱受非议，如今却早已成为法国迈入新纪元的标志，蜚声全球的建筑杰作。据《费加罗报》调查显示，"玻璃金字塔"早在十多年前便跃居"卢佛尔宫最受欢迎的艺术品"排行榜第三位，仅次于《蒙娜丽莎》和《米洛斯的维纳斯》。卢佛尔宫玻璃金字塔是一场"文明对话"的结果，造型与古老的埃及金字塔相似，采用现代的钢和玻璃材料，使其既能满

图2-27 立方体扭曲形成曲面体　　图2-28 贝聿铭设计的法国巴黎卢佛尔宫金字塔

图 2-29 拿破仑广场

足当时卢佛尔宫作为一个世界性博物馆的使用需求，满足地下展厅的采光和组织入口人流疏散的功能，又因玻璃的通透使得金字塔体量变得轻盈，倒映出巴黎变幻莫测的天空，完美地融入卢佛尔宫建筑乃至拿破仑广场（图 2-29），甚至整个巴黎的城市空间关系的历史文脉之中，连接着历史又预示着未来。玻璃金字塔采用钢结构为骨架，每一根钢筋即为一根线，多线排列形成虚面，虚面延展又形成犹如宝石形态的晶体，线条朝着同一个方向，使得玻璃金字塔呈现出几何、简洁、现代、坚定、向上的立体视觉效果，与旧卢佛尔宫建筑交相辉映。

三、体的应用

我们日常生活中所接触的物体大多数是三维立体的，所以体的构成设计可应用在多个领域中，比如建筑设计、产品设计、家具设计等就是我们每天都会接触到的体的设计，当然这些造型设计都要适应其特定的功能。如图 2-30 为解构主义大师弗兰克·盖里（Frank Owen Gehry）设计的美国洛杉矶迪斯尼音乐厅，音乐厅自 2003 年建成以来，成为洛杉矶最引人注目的地标性建筑之一。这座音乐厅仿佛是外来之物，与周围盒子状的高楼大厦格格不入，也正是它无比奇妙和独特鲜明的外观，因而成为音乐爱好者和旅游摄影者共同膜拜的艺术殿堂。建筑的外观就像是一个巨大的雕塑，被扭曲、膨胀、挤压的变形曲面体看似漫不经心、毫无逻辑，却又充满神秘和动感，让人不禁想进去一探究竟。我们从设计师的手稿（图 2-31）中

图 2-30 弗兰克·盖里设计的美国洛杉矶迪斯尼音乐厅

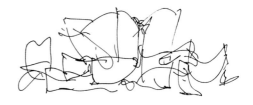
图 2-31 弗兰克·盖里手稿：音乐——跳动的音符

或许能窥探出其中的奥妙，这一条条灵动的曲线正像是一个个跳动的音符，原来设计师想把音乐厅塑造为一首充满节奏和韵律的音乐，中间为音乐的高潮，是激昂华丽的篇章，两端为音乐舒缓的前奏和尾声，之间还有过渡的间奏。而这些形式上的变形体则完全是为了利用板材的曲面反射声音，从而打造出室内举世公认的顶级音响效果，可以说盖里做到了形式与功能、建筑与艺术的完美融合。

四、点、线、面、体的相互转化

我们从前面的各种案例中可知，点、线、面、体的相互关系是非常紧密的，没有绝对的点、线、面、体，只有根据不同环境确定的相对关系，并且由于它们相互之间的转化造就了丰富的形态关系。比如，一个点经过排列成为一条线，再经过阵列成为面，等等。在实际生活中人们经常运用这些原理，把握了它们之间的关系，对形态有了这样的基本认识，就能够熟练地运用它们的基本关系去处理许多形体问题。如点化的体：当体的长、宽、高比例大致相当时，并且与周围的环境相比较小时，体就被视为点。线化的体：当体的长细比较大时可视为线体，大量的线体集中时也能变成体。面化的体：当体的形状较扁时，就可以视为面。如图2-32、图2-33所示就是点、线、面、体的相互转化。

在日常生活中我们也常常能见到点、线、面、体相互转化的场景，比如图2-34所示是在园林景观设计中采用不同的限定手法去界定空间，就餐区与室外景观之间用条形的木栅格形成了线织面的效果，既界定了内外空间又形成了视线上的相互渗透，达到隔而不断的视觉景观。室外的一簇簇竹子被点状鹅卵石形成的白色椭圆地面所限定，外围加一

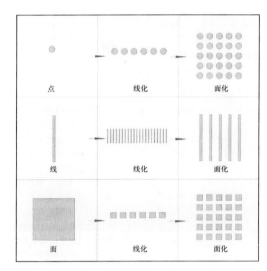

图 2-32 二维的点、线、面及相互转化

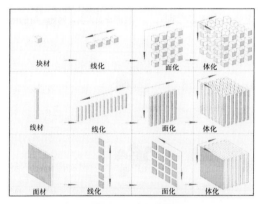

图 2-33 三维的点、线、面、体及相互转化

图 2-34 园林景观设计中利用点、线、面形成的空间限定

圈深色花岗石形成的粗线，强化了植被的地景效果，与木栅格和家具的色彩协调，加强了室内外之间的联动。

【单元思考与练习】

思考

1. 简述点、线、面、体的形态特征。

2. 思考线有哪些类型，分别可以表达哪些情感特征？

练习

目的： 设计的构思最终都将由各种形式的线条表达出来，从绘制角度分徒手与用器两种，按工具分铅笔、针管笔等。通过徒手练习线条的组合一方面训练学生的徒手表现能力，另一方面通过线条组合训练学生的构形能力。

要求：

1. 在 A4（210mm×297mm）的白纸上，用铅笔（2H）划分出 9cm×9cm，间距 0.5cm 的 6 个方形格子，在这 6 个格子里分别设计出 6 组不同的线条组合形态。最后一格利用线条表现具象的山体、河流形态。

2. 徒手墨线笔绘制，要求有水平、垂直、斜向的线条，线条尽量流畅，线宽或者浓淡要均匀而富有变化。骨骼线可以用尺规打底稿，直线或者曲线均可。

点评： 线的组合练习一方面锻炼徒手画线的能力，另一方面通过线的排列组合体会线的粗细、长短、直曲、不同方向等对形的影响，训练构形能力。方格内的线大多数较为流畅，排列组合利用骨骼线显得有规律，富有变化又较为美观。但部分方格内的线过于密集形成实面的效果，过于死板。在由抽象形转化为具象形的过程中应该注意具象形对线形的潜在要求，应采用不同线条组合去表现（图 2-35）。

图 2-35 学生作业——线的组合

第三章

关系元素

第一节 形态构成

一、形态构成的概念

形态构成是所有设计艺术的基础，具有艺术和科学双重特征。形态构成重点表现设计中的"形式"，过去的设计都非常注重形式，通过形式去表达除了功能之外的内涵，有时甚至会牺牲功能去迁就某种形式。而现代设计中强调形式追随功能，形式要根据功能的需要做出相应的设计。形态构成就是探讨纯形式的问题，因为不同类型的设计在功能上迥然不同，比如建筑设计强调建筑如何更好地适应人们的生产和生活，而不同类型的建筑又有不同的功能需求，居住建筑、办公建筑、商业建筑、校园建筑等在功能上各不相同，因此我们无法在基础设计上去探讨不同类型的设计功能。尽管功能千差万别，但在表现形式上却有着共同的手法和规律，形态构成就是形式设计的基础，能表达丰富的艺术效果，又有自身的规律。形态构成顾名思义由"形态"和"构成"组成。"形态"是指事物在一定条件下的表现形式和组成关系，包括形状和情态两个方面。形是指万物的外在表现皆有形，态依附于形，有形必有态，所有万物都可以概括成点、线、面、体，因此点、线、面、体也称为造型中的概念元素，第二章已重点介绍过。"构成"是一种造型概念，所谓构成就是将两个或两个以上的元素组合在一起，或者是将组合在一起的两个或两个以上的元素分解后再进行组合，简单理解就是一种组合方式。因此，形态构成的原理是将客观形态分解为不可再分的基本要素，研究其视觉特性、变化与组合的可能性，并按力与美的法则组合成所需的新的形态。这种分解与组合的过程即为形态构成。形态构成涉及三个问题：

（1）用什么构成——形态要素。第二章讲到的点、线、面、体就是形态构成的概念元素，这些概念元素要进行组合，形成要素之间的相互关系，本章所讲的关系元素就是讨论概念元素之间的相互关系。概念元素加入色彩和肌理能加强主题的表现力，这就是第四章将讲到的视觉元素色彩、肌理的问题。要素之间如何组合，有什么方法，就涉及形态构成的第二个问题——造型方法。

（2）如何构成——造型方法。造型的基本方法有单元类、分割类、变形法和空间法，这部分内容将在第五章重点介绍。其实在对概念元素探讨其相互的位置关系时就会有意无意地应用造型方法，无论是平面设计还是三维设计，造型的四种方法均适用。应用造型方法设计形态要考虑形态是否符合人们的审美情趣、是否美观的问题，这就涉及形态构成的第三个问题，即形式美法则。

（3）视觉效果如何——形式美法则。我们在应用造型方法进行基本型的分解与组合时要有意识地遵循形式美法则，使其符合力与美的构成规律。虽然人们常说各花入各眼，即每个人对美的理解不一样，不同国家、不同地区人们的教育背景、生活经历会导致审美上有偏差，但对美的追求和美的理解却有着共通之处。美，首先是引导人们积极向上的一种精神追求，纯粹为了吸引眼球而使用夸张刺激的表现方式的设计往往得不到人们的青睐，因此在表现形式上美的形式会根据美的主题进行设计。形式美法则是介绍美的形式的组合规律，运用这种规律进行造型设计往往比较符合人们对美的视觉感知。如图 3-1 所示，我们在设计作品时首先会根据作品表达的主题（功能、内容）在审美意识下选择形的原形（概念元素点、线、面、

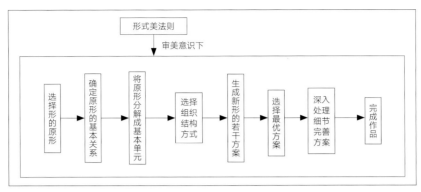

图 3-1 形态构成程序

体），确定原形的基本关系（关系元素、视觉元素），将原形分解成基本单元（基本型），然后选择组织结构方式（采用造型方法）生成新形的若干方案，并根据形式美法则选择最优方案，之后再深入处理细节完善方案，最后完成作品。

二、设计与构成的区别

设计与构成既有联系又有区别，如图 3-2 所示，设计是对具体的对象进行有目的的创作与创意，达到功能实用、形态美观，既要设计功能也要设计形式，是具象的，有实践性的，需要根据设计对象所要达到的功能和视觉效果进行有明确指向性的训练，同时需要通过草图、草模等形式表达完整真实的设计思想。而构成是对形态进行分解、组合，是纯粹的、不考虑功能的造型设计，不针对某个具体对象，是一种抽象的、概念化的、符号性的设计，是训练造型美观的手段，是对设计形式感的训练，通过构成训练能对造型有一定的认知、理解和掌控。设计能力，是让视觉对形式更加敏感的一种训练。设计与构成两者的联系在于设计需要用到构成的知识，如平面构成、立体构成、色彩构成使得其设计对象的外观更加美观，而构成的训练让我们在设计中对造型的能力有更好的把控。从构成的角度分析理解设计作品，训练对视觉元素的理解和表现能力，把构成的分析方法运用到生活中，能够理解和感受寻常事物中的形式美，培养新的审美趣味，为进入设计状态做准备。

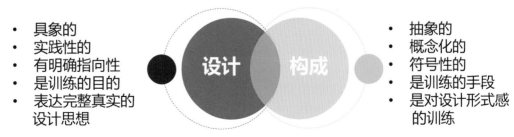

- 具象的
- 实践性的
- 有明确指向性
- 是训练的目的
- 表达完整真实的设计思想

设计　构成

- 抽象的
- 概念化的
- 符号性的
- 是训练的手段
- 是对设计形式感的训练

图 3-2 设计与构成的联系与区别

三、三大构成

构成包括平面构成、色彩构成、立体构成三部分，统称为三大构成。三大构成最初萌芽于1914年的构成派绘画；其后被包豪斯设计学院采纳，并通过教学体系的改革，作为设计入门的基础训练课程；20世纪60年代，它归入了完整的结构主义哲学体系之中，重新系统化、完整化，成为一种较为科学的造型训练方法体系。

现实生活中每类设计的形式几乎都离不开这三大构成，但不同类型的设计侧重点会有所不同。如图3-3所示，以平面设计为主的包装设计、广告设计、标志设计、书籍装帧、服装设计等主要运用平面构成和色彩构成，而三维设计如产品造型、室内设计、景观设计、建筑设计、城市设计等主要运用立体构成和色彩构成，当然体也是由平面衍生而成，因此在三维设计中也可以将每个面单独运用平面构成的手法进行设计，但要对每个面合成的整体效果进行统筹，避免差异太大缺乏整体感。

平面构成是研究二维造型的设计基础，是在二维平面内将不同的视觉概念元素（点、线、面、体），按照构成原理进行分解、排列、组合，从而创造出合理的新的视觉形象。平面构成不是以表现具体的物象为特征，而是将自然界中存在的复杂过程，运用简单的点、线、面进行分解、组合、变化，反映出客观现实所具有的运动规律，与具象表现形式相比较，它更具有广泛性。如图3-4所示，左图是根据中国四大名著之一《西游记》塑造的孙悟空形象，是演员根据角色个性、特征进行具体的形象塑造；而右图是根据演员塑造的孙悟空的具体形象进行抽象、简化后的图像，是一组由点、线、面三种元素经过分解、组合而形成的视觉形象设计。该视觉形象设计即是"孙悟空"三个字体通过变形后形成的新的图像，"孙"字变形后形成了孙悟空的头部以及手举金箍棒的形象，"悟"变形后形成了中间的身体部分，"空"字变形后形成了孙悟空下半身的虎皮裙和迈开的两条腿，生动演绎了人物角色的形象特征，同时也是运用概念元素点、线、面的变形、重复与组合形成的新形，大量的曲线紧凑、流畅地组合在一起，表现了

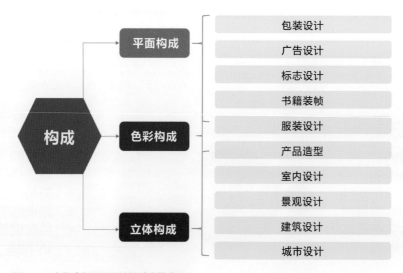

图 3-3 三大构成在不同设计领域中的应用

图 3-4 孙悟空角色的视觉形象设计

人物好动、机灵而勇猛、冲动的个性特征。

　　色彩构成即色彩的相互作用，是从人的色彩知觉和心理效应出发，用科学的分析方法把复杂的色彩现象还原为基本要素，利用色彩在空间、量与质上的可变幻性，按照一定的规律去组合，再创造出新的色彩效果的过程。色彩构成的主旨是提高人对色彩的审美感觉。每一位从事艺术设计工作的人都希望自己有很强的色彩审美，即使不直接从事这项工作，如果能具有一定的色彩审美感，无论是选择首饰，还是进行室内装饰设计，或者是购买家用电器等，都是非常有益的。对于一般人来说，虽然很少因为工作需要去画画，或者为了制作贺卡去摆弄色彩，但是在自己室内外生活环境的调度及生活购物等方面，仍然面临色彩审美、色彩判断的问题。可以说，具有良好的色彩审美标准，对我们的生活是非常有益的。色彩构成是对两种以上的色彩进行有目的的组成，要符合美的原则，着重色彩思维的训练与开发，重视色彩规律。图 3-5 是获得红棉奖·2019 年室内设计至尊奖的住宅室内设计作品《谧境》，由设计师潘天云设计，业主是一位舞台剧导演，他希望创造出来的室内空间是能够通过时间来感知

或找寻某种情感联系的诗意空间。设计最大的亮点在于全屋只见光影不见灯，营造出一种人生旅途寻觅变化的意境，如设计作品的名字。业主在旅行时带回的物品也恰到好处地安放在适当的位置，使得静谧的空间充满回忆和故事。入户第一眼就会被强烈的红蓝色对比吸引住，墙上的红黄相间的波斯毯是业主旅游时带回来的，配合着水泥粗犷材质的蓝色收纳柜，使整个空间富有趣味。客厅的整体布局更倾心于冥想室，从而舍弃了世俗的电视设计，留出更纯粹的空间。沙发背后的墙内嵌一尊佛龛，借助背后空间的光线，神秘而有意味。客厅采用同色系色彩调和的方式，创造出层次丰富而又彼此协调的视觉效果，正如作品所传达的"物质越少，人性越多"的设计理念（图 3-6）。

　　立体构成是从形态要素出发，研究三维形态创造规律的造型基础学科，使用各种基本材料，将造型要素按照形式美的原则，进行分解、抽象与重组，从而创造新的形体的过程。立体构成的学习往往带有探究性和实验性，与我们实际生活中接触的三维物体不同，日常生活中的三维物体，比如建筑、家具、器皿、鞋帽等是根据实际用途去设计的，要满足人们对其使用

图 3-5 潘天云设计的《谧境》入口空间

图 3-6 潘天云设计的《谧境》客厅

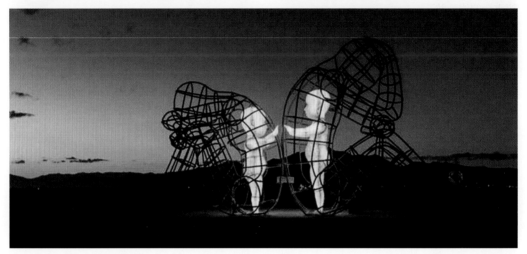

图 3-7 米洛夫设计的雕塑《爱》

的需求，当然也要考虑物体的材料、结构、色彩等形式问题，但采用什么材料、用哪种结构方式、选择什么色彩往往会根据人们对物体使用的感觉而做出相应调整，即是我们前面提到的"形式追随功能"。而立体构成则是在不考虑功能的前提下纯粹对三维造型进行的以美为目标的创造活动。比如矗立在城市公共场所的雕塑作品，是离我们最为接近的三维艺术作品之一，这些雕塑有的采用抽象的立体构成方式，用点、线、面、体创造，为我们的城市带来艺术气息，也让我们的城市变得更有情怀和温度。图 3-7 是一座名为《爱》的雕塑，位于乌克兰海边，由乌克兰雕塑家、设计师亚历山大·米洛夫（Alexander Milov）为 2015 年的火人节而创作。金属线构成的两个人物背对背，埋头沮丧，这样的场景相信我们每个人都经历过，与家人、亲友、情侣、朋友争吵后心情低落甚至怨恨，身体仿佛有种被抽空的无力感。但在我们的内心，却又渴望爱和理解，如人物雕塑的中间站着两个伸出手希望触碰彼此的孩子，纯洁又真诚。作品通过这种貌似疏离和冷漠的外表下藏着内心对爱的渴望，表达了即使在最黑暗的时刻，一切依然有着弥补的希望，也通过以粗线条的金属为材质建构了我们被愤怒牢牢禁锢的矛盾与不安，通过通体发光的材质以及纯真的孩子的形象表现出人物内心柔软，充满温情的一面。

第二节 和谐之美——重复、渐变、近似

我们在进行物体的形态设计时免不了对形进行组合，从平面形态来看形的基本关系有8种：分离、接触、覆盖、透叠、联合、减缺、差叠、重合。如图3-8所示，分离即两种形之间有一定距离；接触是两种形之间呈彼此连接的状态，保留重合的线，并不发生个体的改变；覆盖是一种形在另一种形上方，上面的形把下面的形部分遮挡了；透叠是两种形有部分相交，上面的形呈透明状态，可见两形叠加的部位；联合是两形之间相互靠近后连在一起，重合的线被消融；减缺是两形相互靠近出现重合部分后，其中的一个形被另外一形减去；差叠是两形叠加后只留下叠加的部分；重合是两形完全重合在一起。图3-8上方的一组形经过组合后两形依旧保持各自独立，而下方的一组形经过组合后两形已经合而为一。形态在进行组合中能产生重复、渐变、近似的和谐关系，也能产生发射、变异、密集的变化关系。

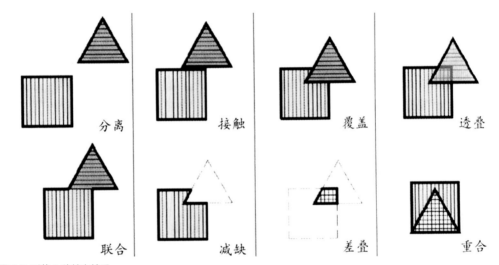

图 3-8 形的 8 种基本关系

一、重复

仔细观察周围的世界，就会发现许多形态是重复的，自然物的树叶、花瓣、鱼鳞等都存在重复。"重复"指相同的视觉元素在同一画面中多次出现、反复出现，其中相同是指形状相同，还有大小、色彩、肌理、方向等方面的相同。重复构成源于我们日常生活中的重复现象。比如阅兵仪式上，仪仗方队护卫党旗、国旗、军旗走在徒步方队的最前方。我们看到军人的身姿、动作、着装和佩戴的武器装备均一致时，这种形态就是一种重复，重复的形态让人感觉整齐划一，体现了军人的威严和气势。军人个体与个体之间的关系就是形的一种接触关系（图3-9）。

1.重复构成的特征

重复构成就是将相同的基本形按一定规律有秩序地排列组合，从而形成统一的画面，它所表现的是一种秩序的美。重复构成的形式就是把视觉形象整齐化、秩序化，呈现出和谐统一、富有整体感的视觉效果，强调形象的连续性和秩序

图 3-9 阅兵仪式上的重复

图 3-10 故宫建筑的重复

性。重复的目的在于强调,也就是形象重复地出现在视觉上,既起到了整体强化作用又加深印象和记忆。重复在构成设计中有以下几种形式。

(1)方向的重复:形状在构成中有着明显一致的方向性。

(2)骨骼的重复:如果骨骼每一个单位的

形状和面积均完全相等,这就是一个重复的骨骼。

(3)形状的重复:形状是最常用的重复元素,在整个构成中的重复的形状可在方向、位置、色彩上有所变化。

重复常常与近似、渐变一起使用,形成既整齐又富有变化的视觉效果。图 3-10 是北京故宫的雪景，唯美而纯净，我们在画面中也看到很多重复的元素，比如城墙屋檐上圆形的瓦当和半月牙形的滴水，是一组点的重复，连续的点有形成线的效果，这些点是分离的，所以看到的是虚线，而屋脊上的琉璃瓦是覆盖的状态，又形成了纵向延伸的连续的实线，虚实对比。瓦的重复形成了有规律的线，前面两排线长短一致，而后面的线被建筑屋脊优美的曲线所限定，形成长短不一，逐渐变化的线，这些由重复到渐变，由虚到实的线构成了一幅极具美感而又富有变化的视觉效果。

2. 重复构成的表现形式

重复构成由两部分组成：一是基本形，二是骨骼。基本形重复构成是指在构成设计中连续不断地使用同一基本形，一般重复的基本形以重复的骨骼为单位，将基本形放入单元格中进行排列，有时过于重复一致，表现不恰当，则会让人产生乏味、呆板的机械感，可以在设计重复的基本形时，适当做一些变化。如图 3-11 所示是将基本形重复地放入方格网的重复骨骼中，形成的平面构成。设计者考虑到重复后容易造成呆板效果，故在设计基本形时用连续的曲线将四种不同方向的"花"串联起来，使其在重复构成后出现的"花"朝向上、下、左、右四个方向，整体效果既规整又活泼。

3. 重复构成的变化

重复构成要产生变化，可对基本形的方向进行变化，有纵横交错的方向变化、单元对称的方向变化、随意不定的方向变化。纵横交错的方向变化是指重复的基本形在骨骼单位里，可按一纵一横交错进行排列，构成的画面效果，相比完全重复排列的基本形显得活泼而有节奏感（图 3-12）。单元对称的方向变化是指重复的基本形在骨骼单位里，按照一定的秩序方向形成一个对称单元排列，然后加以反复循环所构成的图形，整体画面较为整齐而活泼（图 3-13）。随意不定的方向变化是指重复的基本形在骨骼单位里，不受其方向秩序的限制，可按上、下、左、右等方向自由安排，由于基本形与其周围

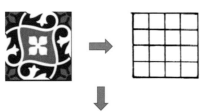

图 3-11 基本形重复构成

图 3-12 基本形纵横交错的方向变化

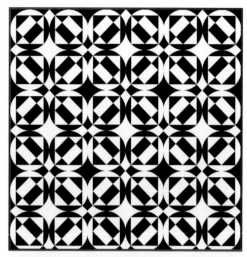

图 3-13 基本形单元对称的方向变化

图 3-14 基本形随意不定的方向变化

图 3-15 基本形正与负的变化

的形象自由连接，所构成的图形也是千变万化的（图 3-14）。此外，在重复的骨骼中，可以利用基本形的正与负的变化，排列为一正一负、两正两负、两正一负等不同的黑白穿插变化，也可获得丰富而活泼的视觉效果（图 3-15）。

基本形过于简单或单元构成次数过少，容易使图形显得单调，是最容易暴露重复构成缺点的方法。所以重复构成中，基本形的丰富性与构成的重复数量是最应注意的问题。

4. 重复的应用

重复构成在许多设计领域都会经常运用，重复可以加深记忆，给观众留下深刻印象，我们常说的"重要的事情说三遍"就是通过重复达到强调的目的。在海报设计、产品设计、建筑设计、城市设计等都会经常运用重复，电影也常常会重复出现某个场景，以突出其在剧情中的重要意义，还有绘画、雕塑等艺术作品创作中都常常会用到重复。重复构成最容易达到协调统一，使作品达到和谐的视觉效果，但运用不当也会造成单调、呆板，因此需要在重复中注意运用基本形方向上的变化，或者利用正负形以及与渐变、近似甚至是对比、变异等一起使用，使其达到和谐而丰富的视觉效果。

图 3-16 是查利·哈珀（Charley Harper）创作的《山雀珍闻原画（簇山雀）》，作品使用两种截然不同的重复手法，描绘了小鸟为向日葵播种的画面。小鸟的头部以几何的方式不断重复，形成了一个序列。艺术家以这种十分幽默的方式展现了山雀的行为方式：啄、啄、啄。在树叶的处理上艺术家也采用了重复和几何的手法，在此基础上又采用了重叠、旋转方向等方式让画面有了变化，使其呈现出高度的几何与统一的特点，在一个主题中体现了非常丰富的变化。

图 3-17 是由国内著名建筑师刘家琨设计的

图 3-16 查利·哈珀《山雀珍闻原画（簇山雀）》

图 3-17 刘家琨设计的鹿野苑石刻艺术博物馆南立面

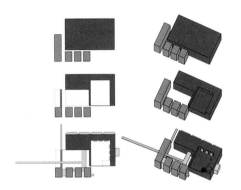

图 3-18 鹿野苑石刻博物馆建筑中的重复构成

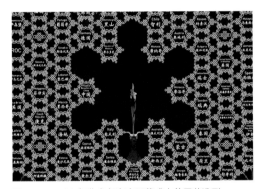

图 3-19 2022 年北京冬奥会开幕式上的雪花造型

鹿野苑石刻艺术博物馆，该博物馆是以自远古到明清时期的石刻艺术品为主题的小型私立博物馆，设计师希望通过对建筑"混凝土"材料的"雕刻"表现一部"人造石"的故事。清水混凝土不做任何外装饰，显得天然而庄重，正符合所谓"清水出芙蓉，天然去雕饰"的美学品位。鹿野苑石刻艺术博物馆建筑整体造型宛如由一块巨大的石头雕刻而成。博物馆建筑南立面上能看到四处挺拔垂直的长方形"石块"的重复，"石块"在玻璃的衬托下越发体现出一种力量感。图 3-18 显示了该博物馆形体生成的过程，我们可以看出其平面基本形就是长方形，通过对长方形的重复、减缺、聚集，形与形的基本关系形成了分离、透叠，如此产生了新形。由于所有形都是在基本形长方形的控制下，故显得整体协调。

2022 年北京冬奥会开幕式上象征全世界人民大团结的"雪花"造型（图 3-19）给许多人留下深刻的印象。设计师将雪花与中国结纹样巧妙结合在一起，以线条造型，展现出简洁、空灵、浪漫的冰雪美学。大"雪花"由若干朵小"雪花"重复构成，每朵"雪花"代表一个国家和地区，小"雪花"环环相扣，寓意着世界人民大团结，协和万邦。世界各地的"雪花"运动员代表团汇聚到北京成为一朵最璀璨的大"雪花"。

二、渐变

渐变是我们日常生活中能体验到的一种自然现象，月的阴晴圆缺、晚霞染红的天空形成的

图 3-20 自然界中的渐变

图 3-21 古建筑柱廊形成的渐变

橘红与橙黄云彩、动物和花草树木的生长周期、海水清澈湛蓝的退晕变化、海螺身上逐渐缩小的螺纹、孔雀羽毛上由小变大的图案……我们仔细观察就会发现这些渐变既有形状的渐变也有色彩的渐变（图 3-20）。这些充满动感、富有节奏的画面体现的是一种生长的过程。我们日常看到的物体在视网膜成像时根据透视原理形成近大远小、近高远低、近疏远密的视觉效果，这种现象运用在视觉设计中，能产生强烈的透视感和空间感，是一种有序列、有节奏的变化。

1. 渐变构成的特征

渐变构成是指基本形或骨骼逐渐地、有规律地依次按大小、宽窄、曲直、方向、明暗等要素递增或者递减的构成形式，表现出形式规律中的节奏和韵律之美，符合自然发展的规律，引发人们的想象力和心理上的愉悦。渐变的含义非常广泛，除形象的渐变外，还可有排列秩序的渐变。渐变从形象上讲，有形状、大小、色彩、肌理方面的渐变；从排列上讲，有位置、方向、骨骼单位等渐变。渐变可以加强纵深感和强烈的方向性，是在空间设计中常常用作视线引导的一种手法。如图 3-21 所示是我们在参观国内外古建筑、古典园林时常看到的柱廊，这些柱廊在平面上是一种重复，但在空间上我们看到的却是一种渐变的效果。这些柱廊也是形成框景的主要构架之一，梁柱将空间进行多层次的分割，划分出半室内的室外空间，体现出古建筑的虚实之美。

2. 渐变构成的表现形式

渐变构成包含基本形的渐变和骨骼渐变，其中基本形的渐变可以分为基本形形状、大小、方向、位置、色彩的渐变。

（1）形状的渐变：由一个形象逐渐变成另一个形象，基本形可以由完整到残缺，也可以由简单到复杂，由抽象渐变到具象（图 3-22）。

（2）大小的渐变：依据近大远小的透视原理，将基本形作大小有规律的序列变化，给人以空间感和运动感（图 3-23）。

（3）方向的渐变：将基本形作方向、角度的序列变化，使画面产生起伏变化（图 3-24）。

（4）位置的渐变：将基本形在骨骼单位的位置内作有序的变化，会产生起伏波动的视觉效果，充分体现了形象的律动美感（图 3-25）。

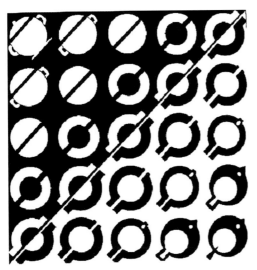

图 3-22 形状的渐变

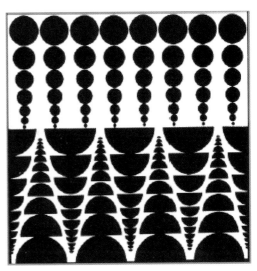

图 3-23 大小的渐变

图 3-24 方向的渐变

图 3-25 位置的渐变

（5）色彩的渐变：基本形的色彩包括色相、明度、纯度都可以产生渐变效果，并会产生细腻的层次美感（图 3-26）。

骨骼的渐变指骨骼线的位置依据数列关系逐渐地、有规律地循序变动。渐变的骨骼精心排列，会产生特殊的视觉效果。具体可分为以下几种形式。

（1）单元渐变：也叫一次元渐变，将骨骼的水平线或垂直线作单向序列渐变。如图 3-27 所示，左图骨骼的水平线保持不变，垂直线逐

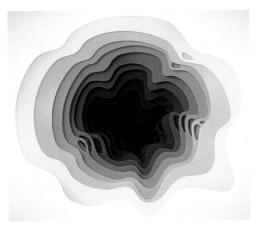

图 3-26 色彩的渐变

渐向中间由稀疏变密集。右图骨骼的垂直线保持不变，水平线由中间向两边逐渐变密。

（2）双元渐变：也叫二次元渐变，将骨骼的水平线或垂直线同时作双向序列渐变。如图3-28所示，左图45°与-45°骨骼线同时由中心向四周逐渐变得密集，右图水平线和垂直线同时由外围向中心变得密集。

（3）折线渐变：将整组竖的或横的骨骼线弯曲或弯折。如图3-29所示，骨骼的折线由下向上逐渐变得密集。

（4）联合渐变：将骨骼的几种渐变形式互相联合使用，成为较为复杂的骨骼单位，其骨骼单位仍保留渐变效果。如图3-30所示，骨骼的折线与水平线、垂直线同时发生渐变。

3.渐变构成基本形与骨骼的关系

渐变构成基本形与骨骼的关系大体有三种：一种是将渐变的基本形纳入重复的骨骼中；二是将重复的基本形纳入渐变的骨骼中；三是将渐变的基本形纳入渐变的骨骼中。图3-31是第一种，左图将基本形音乐符号逐渐变成耳机的形态纳入方格状的骨骼中，由抽象的符号转化为具象的形态。右图将具象猫的形态简化抽象后再次具象为鱼的形态的渐变过程，基本形和骨骼交替进行黑白图底关系的转换，产生丰富多变的视觉效果。图3-32是第二种，左图将基本形京剧脸谱不断重复出现在逐渐变窄变小的方格中，渐变的骨骼使得脸谱产生运动的视觉效果，就像一出京剧表演一样，演员在舞台上丰富的脸部表情和肢体语言塑造出角色独特的性格特征。右图是人物骑马的形态在渐变的骨骼中形成的动态景象。

在设计中运用渐变构成需要注意渐变的程度。渐变的程度太大，速度太快，就容易失去渐变所特有的规律性的效果，给人以不连贯和视觉上的跃动感；反之，如果渐变的程度太慢，会产

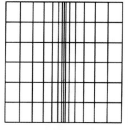

图 3-27 骨骼的单元渐变

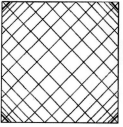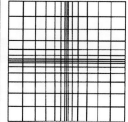

图 3-28 骨骼的双元渐变

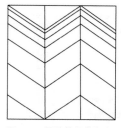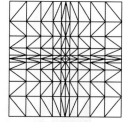

图 3-29 骨骼的折线渐变　　图 3-30 骨骼的联合渐变

生重复之感，但慢的渐变在设计中会显示出细致的效果。此外，渐变前后的形态要能产生关联，使之顺其自然，否则容易造成生硬的效果。如图3-33左图根据钟表的12个刻度，每过一个时刻产生一次微小的变化，经过12次微变后由时刻1的"OK"演变成了时刻12的"蝴蝶"，中间还有些小虫的形态，让人不禁联想起蝴蝶由毛毛虫破蛹成蝶的蜕变过程。右图的渐变是将渐变的基本形纳入渐变的骨骼中，从左到右，基本形圆形中间的黑点位置从左侧移向中间，骨骼出现单元渐变，每个基本形的骨骼保持不变，大方形向内出现方向和大小的变化，在第二次的变化中同时将基本形进行图底关系的转换，使其既保持渐变的连续性又加强了图案渐变的丰富性。

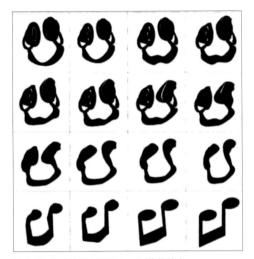
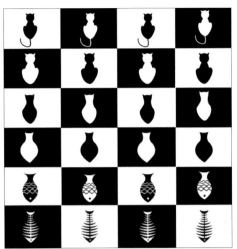

图 3-31 渐变的基本形纳入重复的骨骼中

图 3-32 重复的基本形纳入渐变的骨骼中

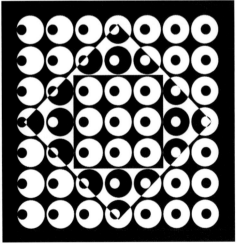

图 3-33 渐变的连续性与丰富性

4.渐变的应用

大自然的渐变给予设计师无穷无尽的灵感。迪奥（Dior）发布的2017年秋冬成衣系列，服装颜色深邃有质感，以蓝黑色调为主打造了一场视觉盛宴。其中以星空为灵感的礼服裙（图3-34）演绎了时尚与大自然的碰撞之美。星空礼服裙采用渐变色，中部深两侧浅，配合模特婀娜多姿的优美身姿，美轮美奂。

图3-34 迪奥2017年秋冬系列星空礼服裙

传统文化也是设计的灵感的重要源泉之一，2021年6月河南卫视"端午奇妙游"晚会的水下中国风舞蹈《祈》令人惊艳，舞蹈以三国时期著名文学家曹植的诗作《洛神赋》和东晋顾恺之的画作《洛神赋图》为蓝本，舞者化身"洛神"绝美登场，水随舞动，衣袂翩跹，拂袖起舞，娉婷袅娜（图3-35），生动演绎了诗中"翩若惊鸿，婉若游龙"之美。这种美的视觉效果离不开渐变，舞者的舞裙的配色在上半部分用了红橙渐变，下半部分用了蓝绿渐变，在光线的照射下，加之水的明暗渐变，使舞者的动作看上去更加连贯、流畅而优雅，展现出洛神"髣髴兮若轻云之蔽月，飘飖兮若流风之回雪"的绝美形象。

图3-35 水下中国风舞蹈《祈》

2022年7月开馆的杭州国家版本馆，坐落于世界遗产良渚古城遗址附近，设计师是获得普利兹克奖的中国建筑大师王澍。为了将宋朝文化与建筑近乎完美地结合起来，将"宋朝美学"转化为建筑语言，王澍从大量的古画中汲取灵感，建筑在色彩和造型上与北宋王希孟创作的绢本设色画《千里江山图》有几分相似。主体建筑上的梅子青色青瓷屏扇青绿渐变（图3-36），一开一合，设计灵感来自宋代屏风。"屏扇门是宋代建筑的特色。杭州国家版本馆又名文润阁，我们在屏扇门建筑材料上用瓷仿玉，体现'文润如玉'的设计主题。"设计师王澍如此诠释。整座建筑犹如一卷现代版的《千

图3-36 杭州国家版本馆的梅子青色青瓷屏扇

里江山图》（图3-37）。建筑依山傍水，随山就势，疏密有致。建筑设计围绕"宋代园林神韵的当代藏书建筑"主题展开，因地制宜，突出江南色彩、宋代元素、浙江特色。"南园北馆、馆园一体"是江南的韵味；园景互融、多重院落，是宋代文化的"掩映之美"。修复的山体库房上覆以自然龙井茶田之景观，再现宋人山水画中的自然悠远之意境。站在主书房看山，可以看到北宋范宽创作的《溪山行旅图》场景，

图 3-37 王澍设计的杭州国家版本馆

图 3-38 故宫博物院文创——千里江山茶具套装

这并不是刻意为之的，而是真正领悟到了中国古风之美后，自然与历史形成的一种呼应。

故宫博物院官网展出的千里江山茶具套装文创设计（图 3-38）也是源自王希孟的《千里江山图》，杯具色彩由上而下形成自青而绿色层层渐变，色彩由浑厚而至轻盈，层次分明，富有变化。茶器器型源于宋代汝窑弦纹三足樽，弦纹宽窄凹凸如在釉色中流淌，在优美的弧形表面生发出清亮灵动的光影。行云流水的色彩与大气稳重的器型相辅相成，将饮茶人引入无边澄净的境界。

三、近似

"近似"是指视觉元素有相近、相似的共同特征，这种特征可能体现在图形的形状、大小、位置、方向、色彩或肌理质感上。一般来讲，近似主要指形状方面的近似，如果形状不是近似，基本形大小、色彩和肌理的近似仍不能确定近似的存在。在自然界中两个完全一样的形状是不多见的，但是近似的形状却很多。比如我们的手指指纹、自然界的雪花形态（图 3-39）都没有完全一样的，但仔细观察却发现有很多都是相似的。每一片雪花都是晶莹剔透的，有着相似的色彩、材质和质感，也有着相似的形状，我们肉眼往往分辨不出，但在放大镜下观察，会发现雪花的图案各式各样，但基本都是呈中心向外放射状，体现出自然界由小变大的生长规律。

1. 近似构成的特征

近似构成是指近似的基本形在画面中反复地排列所构成的视觉形式。近似构成是在重复构成的基础上轻度变异，它没有重复那样的严谨规律，而是比重复更生动，更活泼，也更丰富，但又不失规律感。近似的极致就是重复，近似程度太小则破坏统一感，失去近似的意义。近似的整个画面求大同有小异，可取得统一又富于变化的效果。如图 3-40 所示，左图是一组以圆为基本形的近似构成，每个圆形图案内的线条形

图 3-39 自然界雪花的近似

图 3-40 近似构成

状、粗细和组合都不一样。右图是一组以三角形为基本形的近似构成，每个三角形的构成元素都不相同，有的是以点、线构成，有的是以线、面构成，有的是直线、几何面，有的是曲线、曲面。尽管细节都不一样，但整体都相似。

2.近似基本形的设计

近似基本形的设计要求是一组（一般不少于 5 个）相近似的基本形，即基本形有不同的变化，而又有各自相近的地方，这主要指基本形的形状。近似基本形的设计可采用同形异构法、

图 3-41　同形异构法

图 3-42　异形同构法

异形同构法、异形异构同趣法、削切法、组合法和肌理近似法等方法。

（1）同形异构法：指外形相同，内部结构不同的造型方法，是设计中常用的一种方法。如图 3-41 中所有图形外轮廓都是相同的五边形，但内部却是 12 生肖不同的图案。

（2）异形同构法：与同形异构相反，即外形不同，内部结构相同的造型方法。如图 3-42 所示，"福"字的外形各不相同，但内部结构都是相同的"福"字。

（3）异形异构同趣法：属于差异性较大，关联性较小的一类。其外形和内部结构都不同，但内在意趣和功能是一致的。如图 3-43 所示的爵士音乐会招贴，由卓斯乐设计，基本形通过相同基本元素模数式的相加，求得近似的效果。

（4）削切法：将某一完整形象变成不完整，将其残缺或拆散的形作为近似基本形。如图 3-44 所示将"霄"字完整的形象变得不完整，将其各残缺部分进行组合，使其近似成为完整的"霄"字。

（5）组合法：基本形由两个或更多的形象组合后，在方向、位置方面进行变化，可形成

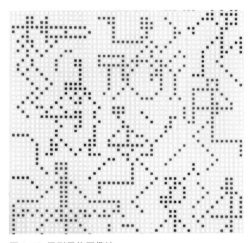

图 3-43　异形异构同趣法

图 3-44　削切法

图 3-45 组合法

多个近似形象。如图 3-45 所示，基本形有鞋子和清洁膏，组合中鞋子和清洁膏的方向、位置、色彩均发生变化，从而形成整体丰富而协调的图案。

（6）肌理近似法：可以利用描绘、拓印、喷绘等方式做出丰富的视觉肌理效果，利用它们之间纹理的相似程度进行构图创造，产生带有肌理美感的近似构成作品。如图 3-46 所示，同样是利用 12 生肖作为基本形，但与图 3-41

图 3-46 肌理近似法

的设计手法不同，图 3-41 是黑白处理，注重的是 12 生肖外形的差异，简洁明了。而图 3-46 则通过描绘 12 个生肖不同动物的造型、色彩乃至细节，表现其差异，12 个图案设计均经过抽象的扁平化处理，并且图案与背景色之间相互呼应，呈现出和谐又活泼的画面效果。

3. 近似基本形的骨骼构成

近似基本形的骨骼构成基本可分为两种：重复骨骼构成和自由骨骼构成。

（1）重复骨骼构成：将近似的基本形放置于重复的骨骼单元中进行排列，这种构成形式体现了对比与统一的形式美原则，增加了画面的活泼性。设计时，基本形近似程度由设计者决定，近似程度大，就会产生重复感；反之，就会破坏统一感，失去近似的意义。如图 3-47 为斯图加特申奥图形设计，采用重复的骨骼，以马的拟人化为基本形。斯图加特的名称在德语中是马场的意思，斯图加特的市徽是一匹在金黄色原野跃立的黑色骏马。马可以称得上是斯图加特的形象标志，因此申奥图形也以马为原型。通过马的不同造型体现了奥运会上不同的运动项目，给人印象深刻，传播了斯图加特的城市文化。

（2）自由骨骼构成：将近似的基本形放置于不规则或非规律性骨骼单元中进行排列，排列形式全凭视觉需要而定，画面效果更加自由、生动。设计时，需要把握好构图的均衡。如图 3-48 所示，五位身着红裙的女子以相似的姿态坐在一起，但细看各自的体态、动作、服饰和间距又有差别，没有固定的位置限定，显得构图灵活又相互协调。

图 3-47 近似的重复骨骼构成

图 3-48 近似的自由骨骼构成

4. 近似的应用

近似在设计中的运用比较常见，由于其具有重复的统一感，局部又有变化，容易产生协调又富于变化的视觉整体形象。图 3-49 是平面设计大师靳埭强为一家茶餐厅设计的商标，依据老板福哥的亲和面貌造型设计而成。为了进一步推广业务，设计师设计了一组近似而多变的福哥视觉形象，配合季节性宣传。父亲节时福哥是爸爸，母亲节时福哥扮妈妈，圣诞节做圣诞老人，万圣节变"魔鬼"……百变福哥形象亲和而有趣，有利于商家宣传。

2022 年获得德国 IF 设计金奖的"奇妙实验室"（Wonder Lab）代用奶昔的包装设计在造型上就采用了近似手法（图 3-50）。Wonder Lab 是一个营养美容化妆品品牌。"Wonder"

图 3-49 福多多茶餐厅商标

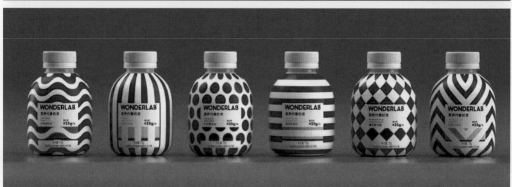

图 3-50 "奇妙实验室"产品包装设计

指充满想象力，"Lab"代表理性科学，与欧普艺术（Op-art[1]）所启发的神奇几何效果相吻合。在市场上的品牌就是通过不断变化的几何形状来蔑视时尚标签、理性科学和感性想象，用设计跳出时尚的束缚，让 Wonder Lab 的包装呈现出一种审美意象。东西方工作室设计师在产品包装设计上采用近似的同形异构法，在相同的瓶子外形上以不同的点、线为元素，构造出充满幻想的视觉形象，蕴含有产品主题营养美容化妆品产生的神奇效果之意。

近似不仅应用在商标、海报、产品包装设计上，我们在建筑上也常常看到近似的运用。位于澳大利亚悉尼市区北部悉尼港的悉尼歌剧院（图 3-51）就是典型的例子。悉尼歌剧院 1959 年 3 月动工建造，至今仍是澳大利亚地标式建筑，2007 年被联合国教科文组织列入世界遗产名录。悉尼歌剧院的外形犹如即将乘风出海的白色风帆，从陆地上探向海水中，一重重雪白的拱壳在悉尼蓝天下、碧海上，舒展开放着，像贝壳、像船帆、像花瓣、像激情、像奔向大海的热爱，拥抱着美丽的悉尼海湾。建筑外形由 10 块"海贝"组成的近似形态聚集在一起，但在大小、方向、位置上有变化。这些"贝壳"依次排列，前三个一个盖着一个，面向海湾依抱，最后一个则背向海湾侍立。悉尼歌剧院是 20 世纪重要的建筑作品，代表了建筑形式和结构设计的多重创造力，是一个设置在水景和世界标志性建筑中的伟大城市雕塑。悉尼歌剧院的设计者是获得普利兹克奖的丹麦建筑师约恩·伍重（Jorn Utzon），据说伍重某天在剥橘子时，忽然有了灵感，那个时候他每天都在思考屋顶壳体的设计问题。正如他本人所说，"我每天就像一个雕塑家那样工作，每天都塑造那个形状，还做了很多的模型。它来自模型的工作，而不能来自纸面草图，你不可能在纸上做出它来，因为在纸上是没有生命的。"

图 3-51 澳大利亚悉尼歌剧院

1 Op-art，光学艺术的简称，是一种使用视觉错觉的视觉艺术。又被称为视幻艺术、光效应艺术、光幻觉艺术或视网膜艺术。

第三节 变化之美——发射、特异、密集

一、发射

发射是自然界中一种常见的现象（图3-52、图3-53），发射具有方向的规律性，发射中心是最容易引起人注意的焦点，所有的形象或向中心集中、聚拢，或向外散开，呈现很强的运动趋势，具有强烈的视觉效果。发射构成指基本形或骨骼单位围绕一个或多个中心点向外散开或向内集中的构成形式。这种构成具有一种渐变的效果，有较强的韵律感，其骨骼形式是一种重复的特殊表现，但相对于重复所体现出的和谐统一，发射构成更能表现出变化的视觉效果。

发射构成具有三个特点：一是具有多方向的对称；二是具有很强的聚焦性，这个焦点通常位于画面的中央；三是能在视觉上形成光学的动感和空间感，使所有的图形向中心集中或由中心向四周扩散。

1. 发射的表现形式

发射构成主要突出表现在骨骼的编排上，发射骨骼的构成因素有两个方面——发射点和发射线。

发射点即发射中心，最常见的是有"一个"，且在画面中心（图3-54），这种发射构成呈现出重复构成的效果。发射点也可以不在画面中心，偏向一侧（图3-55），画面显得较为活泼。

图 3-52 猕猴桃的截面

图 3-53 蒲公英

图 3-54 发射构成的点在画面中心

图 3-55 发射构成的点偏向画面一侧

图 3-56 发射构成的多个点

图 3-57 发射构成的点在画面角落

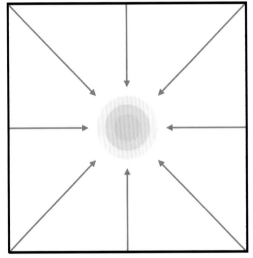

图 3-58 向心式的发射骨骼线构成

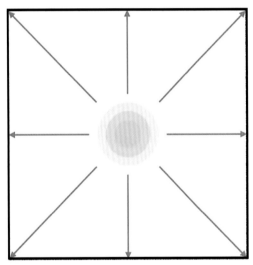

图 3-59 离心式的发射骨骼线构成

发射点也可以是"多个",可在"画面内",也可以在"画面外"(图 3-56);可以是"明显的",也可以是"隐晦的",甚至藏在某个角落(图 3-57);可以是"大的",也可以是"小的"。发射的前提是先确定发射中心,中心是方向变化的根据,方向变化应有一定的规律,而中心的编排是规律的主要部分。

2. 发射骨骼的种类

发射线即骨骼线,它有方向(向心、离心或同心、多心),线质(直线、折线或曲线)的区别。

发射骨骼线的不同种类对画面产生直接的影响。

(1)向心式:向心式的发射骨骼线由各个方向朝中心归拢,形成发射点在画面外的效果,呈现与离心式相反方向的发射骨骼(图 3-58)。

(2)离心式:离心式是发射构成的主要形式,由发射中心向外层层扩散,发射点一般在画面内(图 3-59)。无论发射线是向心式还是离心式,骨骼线可以是直线(图 3-60、图 3-61),也可以是曲线(图 3-62、图 3-63),疏密也可随意,但往往骨骼线的密度越高,发射感越强。

图 3-60 向心式的发射骨骼直线构成

图 3-61 离心式的发射骨骼直线构成

图 3-62 向心式的发射骨骼曲线构成

图 3-63 离心式的发射骨骼曲线构成

（3）同心式：同心式是以一个发射点为中心，层层环绕向外扩展的构成方式（图3-64）。这种构成的特点有极强的规律性和秩序感，但格式变动有较大的局限性，所以运用时应多注意采用基本形的变化，以求得丰富的视觉效果。

（4）多心式：多心式以两个以上的点为发射中心，相交的发射线使画面呈现很强的动感，增加了空间的层次感（图3-65）。

图 3-64 同心式的发射骨骼线构成

图 3-65 多心式的发射骨骼线构成

3. 发射骨骼和基本形的关系

发射骨骼和基本形的关系一般有两种：一是以骨骼线或骨骼单位自身为基本形，基本形即发射骨骼自身，无须纳入基本形或其他元素，完全突出发射骨骼自身，这种骨骼简单而有力。二是在发射骨骼内纳入基本形，采用有作用骨骼和无作用骨骼均可，但基本形元素排列必须清晰、有序。

4. 发射构成的应用

发射具有运动感。发射让人联想到太阳，进而联想到能量的聚集和爆发。发射构成中数和量的扩大，会产生生长、扩张的感觉，形成强烈的视觉冲击力，适于强有力的构成表现。发射还能形成视觉吸引。发射构成有一个或几个发射中心，所有的基本形或向中心集中，或由中心散开，形成一个或几个清晰的视觉中心，吸引观者的注意，产生回收的作用，把观者的视线收拢在发射中心。此外，发射还有透视感塑造。发射由秩序性的方向变动形成，发射骨骼线的秩序变动带来规律性的层次变化，在设计中能产生强烈的透视感和空间运动感。

发射的构成在设计中应用广泛。与重复和对称相比，发射构成的效果看上去更丰富多变，而且骨骼结构更明显。在标志设计中，发射的形式使得图形紧凑，凝聚在一起。在版面设计中，发射的形式显得更有爆发力和张力。在城市设计中，发射的形式使得发射中心成为视觉焦点，进而成为城市标志性景观。位于法国巴黎市中心的戴高乐广场就是典型的例子（图 3-66）。该广场始建于 1892 年，1899 年落成。1944 年在巴黎解放之后，为纪念夏尔·戴高乐为法国做出的巨大贡献改为现名。戴高乐广场中央是巴黎凯旋门（图 3-67），是欧洲 100 多座凯旋门中最大的一座，也是巴黎市四大代表建筑（即埃菲尔铁塔、凯旋门、卢佛尔宫和卢佛尔宫博物馆、巴黎圣母院）之一。凯旋门是为纪念 1805 年打败俄奥联军、颂扬奥斯特里茨战役胜利，由法兰西第一帝国皇帝拿破仑主持修建的一座纪念性建筑。1806 年 8 月 15 日，按照著名建筑师让·查格伦（Jean Chagren）的设计开始动土兴建，但后来拿破仑被推翻后，凯旋门工程中途辍止。1830 年波旁王朝被推翻后，工程才得以继续。断断续

图 3-66 巴黎市中心戴高乐广场

图 3-67 戴高乐广场中央的巴黎凯旋门

续经过了 30 年，凯旋门终于在 1836 年 7 月 29
日举行了落成典礼。因为凯旋门建成后，给巴黎
城市交通带来了不便，于是在 19 世纪中叶，环
绕凯旋门一周修建了一个圆形广场及 12 条放射
状道路，每条道路都有 40 ～ 80m 宽，气势磅礴，
形似星光四射，所以该区域也被称为"星形广场"。
从此，站在凯旋门上向四周眺望可以将巴黎大半
座城市尽收眼底，景象非常壮观，也显示出城市
非凡的魄力。

　　2010 年上海世博会的英国馆建筑（图 3-68）
整体造型就是采用发射构成手法，建筑外形简
洁，但蕴含无限创意。设计师托马斯·赫斯维克
（Thomas Heatherwick）被誉为"英国当代最
大胆的创意奇才"。建筑的核心部分是一个六层
楼高的立方体结构——"种子圣殿"，周身插满
约 6 万根 7.5m 长的向各个方向伸展的透明亚克
力杆，如"触须"一般，这些"触须"向外伸展，
随风轻摇，奇妙的视觉为固定的建筑赋予了流动
的生命力。每一个触须都包含着一个 LED 发光
二极管，帮助"触须"形成可变幻的光泽和色彩。
白天，光线透过透明的亚克力杆照亮"种子圣殿"
的内部；晚上，它们内含的光源能点亮整个建筑，
营造夜晚璀璨迷人的光影盛宴。放射状的建筑外
观设计使其具有向外扩张的动感和生命力。6 万
根亚克力杆含有 25 万颗种类、形态各异的种子，
以植物的生长为灵感，结合现代城市高效发展的
现状打造出美轮美奂、让人惊艳的"种子圣殿"（图
3-69）。不同种类、形态各异的种子，象征着英
国对世博会主题"城市，让生活更美好"的诠释，
以独特的方式展示了英国在全球自然资源保护上
所起的领先作用，同时也向公众展现了生物多样
性所能带来的创意和其中蕴含的巨大潜力。正是
通过种子来发掘和利用大自然的力量，我们才能
更好地保护人类的未来和现在的生活环境。

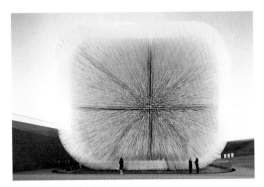

图 3-68 上海世博会的英国馆

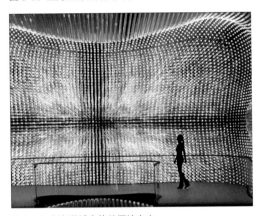

图 3-69 上海世博会的英国馆室内

图 3-70 NIKE 运动鞋海报设计

　　图 3-70 的耐克（NIKE）运动鞋海报设计
也是采用发射构图，是 NIKE 海报设计中非常常
见的一种构图。耐克的主视觉海报设计比较艳丽

活泼，带有很强的年轻时尚属性，同时传达出流行的潮流感。NIKE 运动鞋的主要顾客也是年轻一代，因此海报设计上追求时尚、新颖和强烈的视觉冲击力，让人感到无限的活力和爆发力。

二、特异

特异又称变异、突变等。特异的个体会在形状、色彩、方向、肌理等方面与所在群体的其他个体有明显的区别，产生"鹤立鸡群"的效果，从而起到突出个体、吸引关注的作用。比如我们常说"万绿丛中一点红"中的红就是特异，"众星捧月"中的月也是特异，因此特异构成既是自然界的规律之一，也是我们在设计中常用的方法之一。一般说来，群体的数量越多，变异的数量越少，变异的特征越明显，那么特异的效果就会越明显。

特异构成是指在规律性的构成关系中，局部骨骼或基本形发生突变或特异的构成形式。规律性的构成关系指重复、近似、渐变、发射等有规律的构成。变异突破规范、打破规律，特别吸引视觉的注意。变异构成主要有三个特征：一是变异部分产生凝聚力，吸引观众注意力，形成焦聚；二是突变部分能带来视觉惊喜和刺激，引起观众兴趣，产生幽默感；三是打破规律，使画面生动、丰富。

1. 特异的种类

特异部分可以是一处，也可以是两处或两处以上，但通常情况下，变异部分的数量和面积处于少数，不变部分处于多数，衬托出少数部分的变异。特异存在变异部分与不变部分的对比，但也要保证两者之间的联系，可以是某种形式上或内容上的关联。

（1）基本形特异

在这种构成中，要求部分基本形产生变化，突破规律性的构成关系。基本形的特异可以从多方面入手，如形状特异、大小特异、色彩特异、方向特异、肌理特异等，还可以结合几个方面作综合变异。由于特异骨骼相对简单，所以特异的创意主要取决于基本形的丰富性。

形状的特异：以一种基本形为主做规律性重复，而个别基本形在形象上发生变异。基本形在形象上的特异，能增加形象的趣味性，使其更加丰富，并形成衬托关系。此外也可以在许多重复或近似的基本形中，出现一小部分特异的形状，以形成差异对比，成为画面上的视觉焦点（图 3-71）。

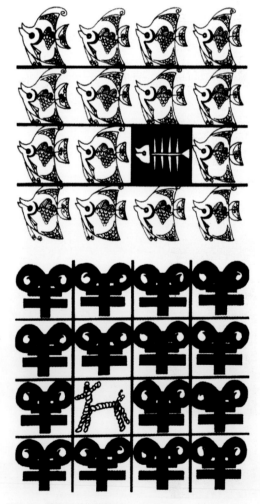

图 3-71 基本形形状的特异

大小的特异：基本形在大小上的特殊性，能强化基本形的形象，使形象更加突出鲜明，也是最容易使用的一种特异形式。通过增大某一基本形的面积，导致大小悬殊，强化基本形的形象，使形象更加突出、鲜明，这也是最容易运用的特异（图3-72）。

色彩的特异：基本形在同类色彩构成中，加进某些对比成分，可打破单调。通过改变某一基本形色彩的色相、明度或纯度，丰富画面层次，使画面的黑白灰关系更加清晰、明快，创造特异效果（图3-73）。

方向的特异：大多数基本形是有秩序的排列，在方向上一致，少数基本形在方向上有所变化以形成特异效果（图3-74），方向特异也可以指当所有的基本形都依照秩序安排在一个个固定的空间位置时，却有个别不固定的形象

图 3-72 基本形大小的特异

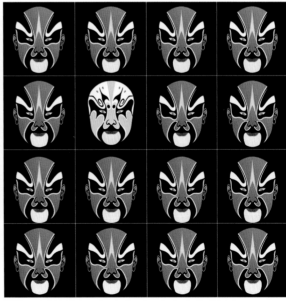

图 3-73 基本形色彩的特异

图 3-74 基本形方向的特异

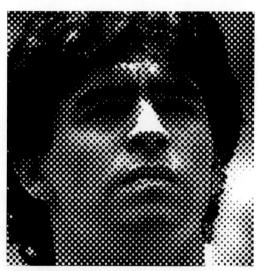

图 3-75 基本形肌理的特异

打破平衡的格局，出现拥挤、空白或错位现象。

肌理的特异：指在画面上有着相同肌理的基本形中，将其中一两个单位基本形的肌理更换成差异性较大的新肌理，以产生异样的视觉刺激，或者改变某一基本形表面的质感及纹理形成特异效果（图 3-75）；如果基本形具有一横式和一竖式间隔排列的两种肌理，那么在其个别基本形上施以横竖重合的肌理效果，也可产生特异感觉；对个别基本形的肌理进行破坏

或清除，这是一种破损变异法特异。

（2）骨骼的特异

在规律性骨骼中，部分骨骼单位在形状、大小、位置、方向等方面发生变异，这就是特异骨骼。其具体形式有：

规律的转移。规律性的骨骼一小部分发生变化，形成一种新的规律，并且与原有规律彼此之间保持有机联系，这一部分就是规律的转移。如图 3-76 所示骨骼线在运行中因整体上下错动

图 3-76 骨骼的整体错位

图 3-77 骨骼的结构异质

或平行移动出现一条虚线形成特异效果。

规律的突破。骨骼中变异部分没有产生新规律，而是原整体规律在某一部分受到破坏和干扰，这个破坏、干扰的部分就是规律突破。规律突破也是以少为好（图 3-77）。

（3）形象特异

这种方法主要是对自然具象形象进行整理和概括，夸张其典型性格，提高装饰效果。根据画面的视觉效果将形象的部分进行切割，重新拼贴。压缩、拉长、扭曲形象或局部夸张手段来设计画面，会有意想不到的效果。

2.特异的应用

平面设计的标志、海报等经常应用特异构成的方式进行构思，这都是由于青睐其特殊的视觉效果。特异构成中的变化部分会成为视觉的中心焦点，视觉传达和影视作品上经常用这种方法引起人们的注意和重视。如图 3-78 所示电影《辛特勒的名单》的场景就用了色彩的特异引起人们的深思。《辛特勒的名单》是由史蒂文·斯皮尔伯格（Steven Allan Spielberg）执导，改编自澳大利亚小说家托马斯·肯尼利（Tony Stark）的同名小说，讲述了一名身在波兰的德国人奥斯卡·辛德勒（Oskar Schindler）在"二战"时雇用了 1100 多名犹太人在他的工厂工作，帮助他们逃过被屠杀的劫数。在冲锋队屠杀犹太人的压抑阴沉场景中，穿红衣的小女孩与周边黑白沉闷的画面形成了强烈对比，色彩的特异产生了具有艺术冲击力的视觉效果，可是当小女孩再次出现时，她已经是运尸车上的一具尸体。这一巨大的反差直接点明了主人公思想上所受的巨大冲击。对于辛德勒来说，这一小女孩代表了他看见的所有犹太人的不幸，红色可以代表血腥，也可以代表希望。这一镜头具有深层的内蕴和艺术价值，很大地拓展了该影片的表现空间。

特异的方式多种多样，为创意和想象留下了空间。在寻常的视觉中，假如一些荒诞的反常规的元素出现，势必带来观者心理的强烈变化，达到四两拨千斤的功效。如图 3-79 所示是位于深圳蛇口海王大厦玻璃幕墙上的大型雕塑，该建筑于 1994 年建成，艺术家以其超乎寻常的奇特构想，做了一组海王波塞冬手持三叉戟驾

图 3-78 电影《辛特勒的名单》

图 3-79 深圳海王大厦的大型雕塑

着马车穿越大厦的大型雕塑，海王波塞冬造型夸张，神情威严，似乎以力破万钧之势破窗而入，令人震撼。而马车的另一头却出现在建筑的另外一面，更加显示出海王的威力。这种大胆的做法与深圳敢为人先的城市气质不谋而合，也蕴含着深圳作为建设设计之都的创新精神。

特异也是图形设计的重要手段。特异在平面设计中有着重要的作用。采用特异的方法，容易引起人们的心理变化活动，例如：特大、特小、突变、逆变等异常现象会刺激视觉，有

图 3-80 捷克大师老詹·拉吉奇（左图）与靳埭强大师（右图）设计的海报

振奋、震惊、质疑的作用。构图上的整齐和统一，加上局部的变化，画面既可以控制稳妥，也不会沉闷、单调。如图 3-80 左图所示是捷克大师老詹·拉吉奇（Jan Rajich Senior）在 1966 年设计的海报，图中的直线构成的"回"纹图案与中国的万字花纹巧合地相似。右图是平面设计大师靳埭强为庆祝拉吉奇 80 大寿的海报，采用骨骼特异的手法。四组回旋线组成了网络格结构的"寿"字，再将拉吉奇设计的方形回旋图案取代了左上角的"寿"字一角，做成特异的效果，成功地将身处两地的设计师自身不同的文化融合在一起。

三、密集

密集指基本形在画面中仿佛受到了某种力量的吸引，从而向一个点或一条边聚集，排列越紧密的地方越容易吸引人们的视线，越容易

形成画面的焦点。密集效果的形成要求基本形要有一定的数量，并且面积、体量应该较小，疏密有致地分布在画面中。

密集是对比的特殊形式，是基本形数量、大小、方向在疏密关系上的自由排列。基本形在组织画面时不必遵循严格的骨骼关系，主要通过"疏""密"等形式的对比来体现。自然界中也有许多密集的例子，比如夜空里呈现出的星罗棋布就是一种密集构成，星星在夜空中疏密有致地分布，表现出变幻莫测而又蕴含规律的视觉效果（图 3-81）。

1. 密集的分类

（1）趋向点的密集：将一个或两个以上的点散放在框架之内作为骨骼点，使它们成为众多基本形得以聚拢的出发点或归结点，并依托这些点形成不同的运动方式（图 3-82）。

（2）趋向线的密集：将一条或两条以上的

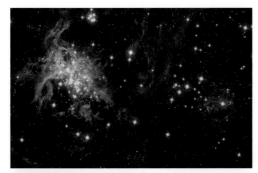

图 3-81 大自然的密集

图 3-82 趋向点的密集

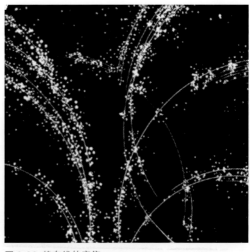

图 3-83 趋向线的密集

图 3-84 趋向面的密集

直线或弧线作为骨骼线，分别置于框架内的不同方位，使它们成为众多基本形趋从的起跑线或终结线，依托这些线也会形成不同的运动方式（图 3-83）。

（3）趋向面的密集：将点线形成的简单的面放置在框架中，使众多基本形依托这些面的边缘聚拢在一起，形成方向较为复杂的运动方式。可在两种近似的众多小基本形中，将每一种形放大一个，驱使众多小基本形向自己同类的形状聚拢。使用这种形式，一是须分清主次，

二是远离焦点的基本形要有所穿插变化。另外也可将众多小基本形向着异于自身形状的大基本形聚拢，以表示正负两极中相吸相斥的变化（图 3-84）。

（4）自由的密集：没有明显的点、线、面的吸力中心，而是依意象中的节奏、韵律趋势做疏密有致的变化。依照大多数基本形走向，采取动静、断续相结合的处理手法，构成鲜明的节奏、韵律趋势，逐步显示密集的变化形式；从不同方向归拢来的贯连趋向，形成积小流为

图 3-85 自由的密集

巨流的气势，在互有开合的运动中构成一脉相承的密集效果（图 3-85）。

2.密集的应用

密集的形式常常应用于绘画艺术中，通过疏密的对比使得画面构图活泼有趣。如近现代中国绘画大师齐白石笔下的鱼虾都是三五成群（图 3-86），生动活泼，富有自然野趣。

中国古村落在地理上的分布也是呈密集构图，东南沿海地区水系发达，古村落分布较为密集，西北干旱地区古村落分布较为稀疏。我们在日常广告设计和商业展示设计中也常常看

图 3-86 绘画大师齐白石的画作

到密集构图。如图 3-87 所示是雀巢咖啡的广告。这个广告以咖啡豆为基本形，中间有个装满咖啡豆的杯子，咖啡豆有种密集向中间聚拢的趋势，表达了雀巢咖啡是以纯正咖啡豆为原料的健康安全的饮料。周边的咖啡豆又有种向外扩散的运动趋势，表达了雀巢还是一个通过咖啡放飞梦想的地方。

图 3-87 雀巢咖啡广告设计

【单元思考与练习】

思考

1. 简述构成与设计的联系与区别。

2. 观察日常生活中的重复、渐变和近似的形态，思考这些形态分别可以表达哪些情感特征？

练习

目的：平面构成是现代设计领域中研究二维造型的设计基础。平面构成练习将不同的视觉基本元素有规律地进行分解、排列、重新组合，从而创造出具有不同位置关系的新形态。

要求：

1. 以 5cm×5cm 正方形为基本形，将其分割为 6 份（有规律，可等分或者运用黄金分割比例进行划分）。

2. 在 A3（420mm×297mm）的白纸上，用铅笔（2H）划分出 10cm×10cm，间距 1cm 的 6 个方形格子，在 6 个格子里分别用分割的形态组合出 6 组不同的新形态（重复、渐变、近似、对称、旋转、放射、密集、特异等）。

3. 尺规作图，新的形态均匀填充黑色。题目和分割步骤自行设计置于图纸空白处，图纸四周留出 1cm 空白作为非作图区。

点评：平面构成作业练习旨在训练学生的创造性思维能力，该作业包含 3 点设计内容——字体设计、分割设计和重构设计（图 3-88），正方形如何进行有规律的分割是首先需要考虑的，分割过于简单则较难创作出多样美观的新形，分割太复杂则不利于新形的整体统一感。分割后将 6 份子形重新组合也需要设计新形的形态，做到不重复。字体也要根据空白处的形状和位置进行合理的设计。2 份作业均能较好地体现以上 3 点的设计内容，分割步骤清晰明了，重新组合的 6 份新形均能考虑子形之间的位置关系，做到不重复。作业题目的字体设计较有特色，画面整体构图饱满、和谐美观。

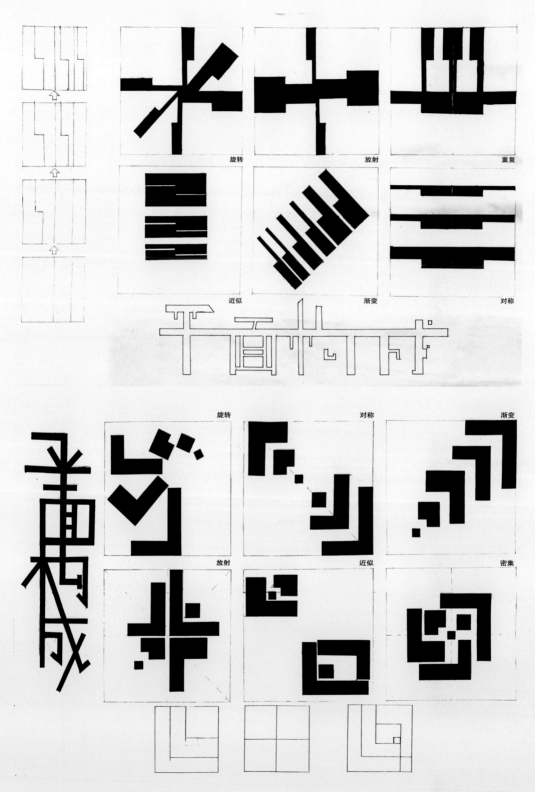

图 3-88 学生作业——平面构成

第四章

视觉元素

第一节 色彩

人类感知世界的方式包括五觉：视觉、听觉、嗅觉、味觉、触觉，在这五觉中至少有 80% 以上的外界信息经视觉获得，视觉是人和动物最重要的感觉。在视觉两大构成因素"形"与"色"之中，人类对色彩的敏感力为 80%，对形状的敏感力约为 20%，色彩是影响感官的第一要素。

色彩的出现借助于对光的反射。光源色照射到物体时，变成反射光或透射光，再进入眼睛，又通过视觉神经传达到大脑，从而产生了色的感觉。所谓色，是感觉色和知觉色的统称，是光、物、眼、脑的综合产物；彩是多色的意思。在设计领域里，色彩是一种视觉传达方式和造型的重要表现手段，无论是装潢设计、服装设计，还是建筑设计、室内设计、工业设计等各门类中，色彩都起着必不可少的作用。在艺术领域里，无论是绘画、雕塑，还是供人们欣赏的工艺品，色彩都是非常重要的构成要素。在我们的日常饮食生活中，人们不仅满足于食品的味道和口感，

而且往往直接把食品的颜色、器皿的样式等视觉造型方面的要素也作为欣赏的对象，将食品的味道与造型艺术综合起来玩味。同样，在我们的环境设计、城市规划设计等方面，色彩也发挥着重要的作用。总之，如果我们稍微观察一下这个世界，就会发现色彩存在于整个现实生活与文化艺术活动之中。可以毫不夸张地说，色彩是人类所有造型艺术活动中最基本、最重要的课题之一。

一、色彩的原理

色彩原理的本质内容在于色彩是光的一种属性和性能，它并不是客观存在的自我客体。艾萨克·牛顿爵士（Sir Isaac Newton）在 17 世纪就阐述过光的这一性能，当他让白光透过三棱镜时，三棱镜将白光分解成与彩虹颜色相类似的色彩。图 4-1 中显示的是人们肉眼可以看到的光谱中不同波长的光线。一般来说，物体本身是没有颜色的，只不过它们具有反射某些光线的能力，所以才会呈现出不同颜色。蓝

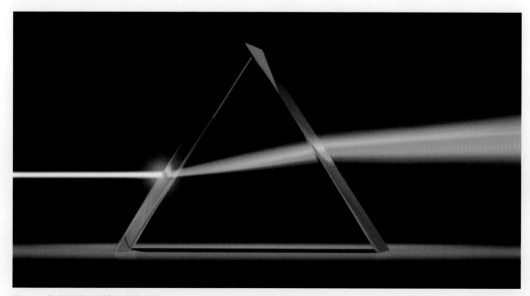

图 4-1 白光透过三棱镜形成的光谱

色的物体是吸收了除蓝色外所有的光，并且反射到我们的眼睛里。黑色的物体是吸收了所有的色光，而白色的物体则是反射了所有的色光。对于艺术家来说，这一事实的重要性在于它让人们了解到随着光的变化，色彩也会随之改变。

　　大约在 1731 年，雷比隆（Rabinone）发现了红、黄、蓝的原色特征，并能够配比形成橙、绿、紫，由此奠定色彩理论的基础（图 4-2）。红、黄、蓝成为传统色彩调和理论中的三原色，这三原色是其他任何色混合都不可能调制出来的，而这三原色却可以调配出其他所有的色彩。约翰内斯·伊顿（Johannes ltten）在 20 世纪对 18 世纪早期创立的色轮系统进行了更新修正，将原先的色轮分为 3 个种类：一级色（原色）、二级色（间色）、三级色（复色）。3 个一级色是指三原色红、黄、蓝。3 个二级色即间色，指由两个一级色混合而成的色彩，又称二次色，即红黄混合而成的橙色、黄蓝混合而成的绿色、红蓝混合而成的紫色这三种颜色。6 个三级色即复色，是指一种原色及与之相邻的二级色混合而成，如红色和紫色形成的紫红、黄色和橙色形成的橙黄、蓝色和绿色形成的蓝绿，等等，以此类推。这些名称也形成了色彩混合的基本表达（图 4-3）。时至今日，十二色色轮依然被广泛使用。

二、色彩的要素

　　在设计中必须了解色彩的三要素：色相、明度和纯度，这三种色彩要素也称色彩的三种属性。色彩的三种属性是界定色彩感官识别的基础，是对色彩定性、分类的主要依据。需要注意的是无彩色即黑、白、灰只有明度的变化，没有色相和纯度的变化。有彩色具有这三种属性，灵活运用色彩三种属性的变化是设计的基础。

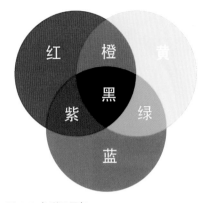

图 4-2　色彩三原色

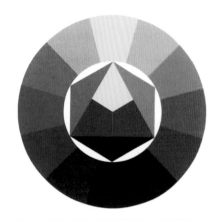

图 4-3　约翰内斯·伊顿绘制的十二色色轮

1. 色相

　　色相是色彩的相貌特征，是色彩呈现出来的最明显特征，它指色彩所呈现出来的质的面貌，如红色、橙色、绿色和紫色等。我们对色彩最直接的印象就是色彩的色相表现。

　　在十二色轮中排列着不同色相的色彩，以这十二种色彩为基础，求出它们之间的中间色，可以得出二十四色相环（图 4-4）。色相环是最高纯度的色相依次渐变的组合，体现出不同色相的色彩美妙的对比关系，分别有相近色、类似色、对比色、互补色等（图 4-5）。

　　（1）相近色：是指在色彩性质上统一，并具有一定色差度的色彩，即在色相环 30° 以内

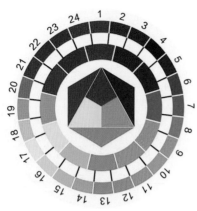

图 4-4 二十四色相环

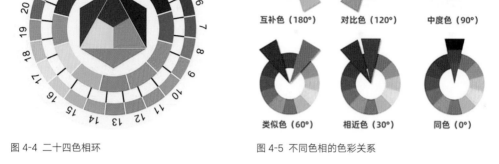

互补色（180°）　　对比色（120°）　　中度色（90°）

类似色（60°）　　相近色（30°）　　同色（0°）

图 4-5 不同色相的色彩关系

的色彩。相近色和谐统一，容易取得整体协调的视觉效果。

（2）类似色：指的是相邻但性质又不完全相同的色彩。在色相环中大于 30°小于 90°范围内的色彩呈现出"邻近而不同类"的色彩关系。其对比度比相近色强，显得更活泼。

（3）对比色：处于相对独立区域中的两大类色彩的对比关系。在色相环中大于 90°小于 120°范围内的色彩呈现出对比的色彩关系，其对比效果比类似色更强。

（4）互补色：在色相环中完全对立的、呈180°关系的两组色彩。互补色强烈、刺激，对比度极强，不易协调统一。

2.明度

明度指色彩的明暗程度，又称为色彩的亮度、深浅度等。任何色彩都有一定的明度，明度具有一定的独立性，可以离开色相和纯度单独存在，而色彩的色相和纯度总是伴随着明度一起出现，所以明度是色彩的骨架。色彩越浅，明度越高；反之色彩越深，明度越低。

在无彩色中，白色明度最高，黑色明度最低，将白色和黑色作为两极，在两者之间做从浅到深的灰色渐变，可以得到一个单纯的明度系列。

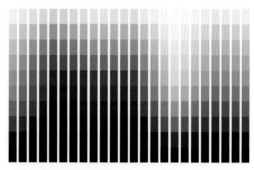

图 4-6 色彩的明度渐变

一种色彩加入白色或者加入黑色，明度就会发生变化，加入白色越多明度越高，反之加入黑色越多明度越低（图 4-6）。有彩色中，黄色明度最高，紫色明度最低。色彩的明度直接影响色彩的层次、节奏和氛围，是色彩构成的重要因素之一。我们在运用色彩构成时，通过改变色彩的明度，可以创造出富有层次感和变幻莫测的视觉效果。如图 4-7 所示作品《深远的空间》正是通过不同明度的蓝色表现出放牛娃走向远方，充满未知和深邃的空间，引人入胜，发人深思，曲线的构成更进一步表现出一种不确定性。图 4-8 同样是用不同明度的蓝色构成的作品，但作品中蓝色的明暗度不再表现出变幻莫测，而是明确地表现出阳光普照下植被、海浪呈现出的光与影。

图 4-7 《深远的空间》色彩构成

图 4-8 《阳光普照》色彩构成

3.纯度

　　纯度通常是指色彩的鲜艳度,也称饱和度。一个色相的色彩混入其他色相的色彩越多,其纯度就越低。同一种颜色纯度越高,色彩越鲜艳;纯度越低,色彩越灰暗。在配色时,可以通过加入黑、白、灰等无彩色来降低纯度,但色彩的明度也会相应发生变化,也可以通过加入互补色来降低纯度,互补色相相混合可以得出灰色。现实中我们能看到的色彩绝大多数为非高纯度色,即复合色,因为事物的色彩除了其固有色以外,还受到光源色和周围的环境色的影响,因此物体表现的色彩是由光源色、环境色、固有色三种颜色混合而成。如图 4-9 所示,我们看到的球体表面颜色不仅有其固有的黄褐色,还有在蓝色光源照射下反射的蓝色以及周围(如红色地面)对物体表面色彩的影响。因此,其呈现出来的色彩是一种动态而富有变化的效果。

　　纯度对比是由色彩鲜艳度的差别而产生的,根据不同鲜艳程度可以把色彩分为高纯度、中纯度和低纯度三个层次。高纯度的色彩体现了

图 4-9 物体表现出的复合色彩

鲜艳、饱和、强烈、个性鲜明的特征,不宜久视;中纯度的色彩协调、典雅、稳重、耐看;低纯度的色彩朦胧、淡雅、神秘,有时也体现沉闷、乏味之感。处理好色彩的纯度对比关系常能达到和谐高雅的色彩效果。如图 4-10 所示是一幅表现西方古典建筑和雕塑的水彩画,画中的色彩采用中纯度,恰到好处地表现出西方古典建筑和雕塑的典雅之美。通过色彩上的明度变化,雕塑的色彩明度高,建筑的色彩明度低,明暗的对比既丰富了画面的层次感,又凸显出西方古典建筑和雕塑的力量感与体积感。

图 4-10 水彩画的纯度和明度

三、色彩的色调

色调不是由单一色彩形成的，它依赖于颜色与颜色之间所产生的整体倾向。构成主调的颜色群体称为主导色，决定着颜色的整体倾向，它们在面积和数量上都占有绝对的优势。烘托主导色的颜色称为辅助色，它的存在增加了色彩的生动性和丰富性。一般而言，辅助色在面积和数量上都弱于主导色。除了主导色和辅助色，还有一些点缀色，起着平衡、调节主辅色关系的作用。

1. 主导色

在设计中需要根据设计主题内容选择主导色，从主导色出发构建色调。主导色是指画面当中对色调起主导作用的色。它可能是画面当中最大面积的颜色，也可能是画面当中最纯的颜色；它决定了画面的色彩基调，也决定了人们对其最直观的印象。如图 4-11 是位于福州排尾路世贸外滩 A 区的一间静茶坊，设计师是道

图 4-11 高雄设计的静茶坊室内空间

和室内设计机构创办人高雄，设计师希望在闹市中营造一个安静、舒适，具有禅意而令人回味的品茶休闲空间。设计以"禅意·唯美"为主题，寓意为宁静的心，质朴无瑕，回归本真，参透人生，品茶如品味人生。设计师采用与茶色相似的黄褐色作为室内空间的主导色，色调沉稳而雅致，辅助色有深豆青色和紫色，入口柜台区背景墙青石板呈深豆青色，如茶叶枝干的颜色，而紫色则小面积地融入深豆青色中，形成一种神秘的氛围。为了让室内空间不显得沉闷，用灯笼里少量的橙色作为点缀色，活跃空间氛围。

色彩设计的关键在于处理好各种色彩的协调与对比关系，总的原则是"大面积协调、小面积对比"，处理好主导色和辅助色、点缀色之间的关系，注意色彩上的重复或呼应，形成有节奏的连续。

2.冷调和暖调

冷暖感觉本是人体触觉对外界的一种自然反应，人们生活在色彩世界的经验及人们的生理功能（如条件反射），使得有些颜色看上去给人温暖的感觉，有些颜色看上去给人冰冷的感觉。心理学上根据色彩给人的心理感觉，把颜色分为暖色调（红、橙、黄、棕）、冷色调（绿、蓝、紫）和中性色调（黑、灰、白）。暖色调如红、橙、黄、棕等，往往给人热烈、兴奋、热情、温和的感觉，让人联想到太阳、火焰、果实成熟等自然现象。与暖色调相对应的冷色调，如绿、蓝、紫等，往往给人镇静、凉爽、开阔、通透的感觉，使人联想到大海、湖水、冰晶等冰冷的物体。在设计中需要表现膨胀、追近、温暖、狂躁等情感时可选择暖色调，而表现收缩、沉稳、内敛、平静等情感时可选择冷色调。

色彩的冷暖性质并不是绝对的，往往与色

性的倾向有关，同为暖色系，偏青光者倾向于冷，偏红光者倾向于暖。同一色相中，明度的变化也会引起冷暖倾向的变化，凡掺和白色提高明度者趋向冷，凡掺和黑色降低明度者趋向暖。此外，色彩的冷暖还可以产生远近透视感，偏暖色和纯度高的色彩感觉近，偏冷色和纯度低的色彩感觉远。一般而言，冷色调或是暖色调根据其占画面的色彩比例而定，冷色占画面70%以上的色彩称为冷色调，暖色占画面70%以上的色彩称为暖色调。运用色彩的冷暖对比不仅可以加强色彩的艺术感染力，增强远近距离感，还可以丰富画面层次，避免单调乏味。如图4-12是2016年在中国上映的国漫电影《大鱼海棠》的海报设计，设计师黄海和插画师兒子楷运用冷暖对比，描述海洋与火焰相互交融的场景，色彩瑰丽蕴含着一种翻江倒海的磅礴气势，加上画面

图4-12 电影《大鱼海棠》海报设计

中鲜红的大鱼冲入海天一色间与人的破镜重圆，凤凰在雷电交加、碧浪滔天中的涅槃重生等景象令人震撼，海报的设计直接表达了电影关于生死轮回的主题，体现了故事情节的跌宕起伏，场面震撼、发人深思。

四、色彩的情感

现代抽象艺术的奠基人瓦西里·康定斯基（Wassily Kandinsky）认为色彩是情感的符号，色彩与感情有着极其密切的联系。色彩如同音乐中的旋律一样给人以遐想，给人以震撼。有色彩修养的人会发现和体验到色彩的情感作用，如红、橙令人感情激动，而蓝、绿则使人心情平静等。色彩在表现情感方面具有超出形状、字体、图像等其他元素的优势。色彩在更多的时候是人对自然和社会的一种观感体验，继而在脑海中成为一种事物的象征。比如绿色象征着春天的万物复苏，红色象征着夏天的炎炎烈日，黄色象征着秋天的累累硕果，白色象征着冬天的冰雪皑皑。久而久之，这些色彩被赋予特定的心理特征。比如白色给人纯洁之感，绿色象征着和平与希望，黑色代表着庄严与肃穆，黄色象征着尊贵与智慧。然而，这些色彩的心理特征不是固定的，会受到民族传统、文化修养、地域审美情趣等因素的影响。不同色彩的生理效应和情感效应的简要说明如下。

（1）色彩的生理效应

红——加速血液流动速度，刺激脉搏加速跳动。

橙——使人产生兴奋。

黄——有助于提高逻辑思维能力。

绿——消除疲劳，有助于消化和镇定。

蓝——使人安定，具有宁静感。

紫——具有安全感，使人感到镇静。

褐——使人感到沉稳、镇静。

（2）色彩的情感效应

红——热烈、冲动、积极、活力。

橙——充足、饱满、成熟、华丽。

黄——灿烂、丰硕、智慧、尊贵。

绿——青春、自然、希望。

蓝——博大、永恒、安详。

紫——神秘、浪漫。

褐——朴素、古典、优雅。

色彩在中国古人眼中也同样具有情感。古人认为世界由金、木、水、火、土五种元素组成。地上的方位分为东、西、南、北、中五方；天上的星座分为东、西、南、北、中五宫；声音分作宫、商、角、徵、羽五音阶；颜色分为青、黄、赤、白、黑五色。同时还把五种元素与五方、五宫、五色、五音联系起来组成有规律的关系。例如五宫除中宫外，东宫星座呈龙形，与五色中东方的青色相配称青龙；西宫星座呈虎形，与西方的白色相配称白虎；南宫星座呈鸟形，与南方朱色相配称朱雀；北宫星座呈龟形，与北方玄色（黑色）相配称玄武。所以青龙、白虎、朱雀、玄武成了天上四个方向星座的标记，也成为地上四个方位的象征，因此也成了人间的神兽。五种颜色中，除了东青、西白、南朱、北黑以外，中央为黄色，黄为土地之色，土为万物之本，尤其在农业社会，土地更具有特殊的地位，所以黄色成了五色的中心。北京的紫禁城是明清两代帝王的居所，从建筑群体色彩可以看出，紫禁城绝大部分建筑的瓦面颜色为黄色，这体现了紫禁城建筑整体的形象，即古代皇权的象征。而红色大面积铺色于柱子和墙体，是强大生命、捍卫权力的象征，寓意古代帝王的江山永固和生命无限。红、黄这两种颜色在紫禁城古建筑群中的大规模应用，形成了紫禁城华丽、庄严与雄壮之美。

图 4-13 紫禁城的太和殿用色彩表达了皇权至上的理念

太和殿作为紫禁城中轴线上最重要的建筑，屋顶不仅用了象征尊贵与王者风范的黄色琉璃瓦，还用了中国古代建筑屋顶形制的最高等级——重檐庑殿顶（图 4-13）。太和殿主要的色彩除了黄色的瓦顶，还有青绿色的屋檐和斗拱、红色的门窗和立柱、白色的台基、灰色的地面。太和殿在室外采用红、黄为主的暖色，而在室内采取以青、绿为主的冷色。冷暖色调的协调，不仅有利于突出建筑的功能，而且有利于增强整体外部空间的立体感以及建筑室内的视觉舒适感。太和殿在一些部位还巧妙地使用了色彩互补方法。如隔扇和槛窗的棱线上采用了金线，实现了红色与黄色的协调与过渡，并且使得整个建筑产生流光溢彩的效果（图 4-14）。

图 4-14 紫禁城的太和殿局部冷暖色对比

在现代艺术与设计中，许多艺术家通过运用色彩发挥个人风格。如图 4-15 是荷兰后印象派画家凡·高（Vincent Willem van Gogh）的画作《向日葵》，色彩鲜明、热烈，显示出艺术家生命的燃烧和激情。向日葵的色彩用了橙色，橙色是十分欢快、活泼的光辉色彩，是暖色系中最温暖的色，是一种富足的、快乐而幸福的颜色。橙色使人脉搏加速，并有温度升高的感受，画面让我们感受到向日葵盛开的灿烂。画面中的橙色稍稍混入黑色或白色，会成为一种稳重、含蓄又明快的暖色，但混入较多的黑色后，就成为一种烧焦的色，橙色中加入较多的白色会带有一种甜腻的味道。橙色在蓝色的背景衬托下，构成了最明亮、最欢快的色彩。

色彩是视觉设计中的重要语言和因素。在设计中巧妙地应用色彩情感的规律，充分发挥色彩的暗示作用，能引起大众的广泛注意和兴趣，容易产生种种联想和想象。如图 4-16 所示，我们可以根据色彩蕴含的不同情感产生不同的联想，从而进行设计创作。如红色代表热烈、喜庆、激情，让人联想到节庆假日张灯结彩的灯笼，我们在进行有关代表中国喜庆的元素形象创作时可采用红色，比如 2008 年北京奥运会的吉祥物福娃欢欢，象征着体育的热情，更象征着奥林匹克圣火和精神。2022 年北京冬残奥会的吉祥物雪容融以灯笼为原型进行设计创作，主色调为红色，灯笼外形的发光属性寓意点亮梦想、温暖世界，代表着友爱、勇气和坚强，体现了冬残奥运动员的拼搏精神和激励世界的冬残奥会理念。蓝色代表沉静、冷静，让人联想到大海，汽车造型设计采用深蓝色，不仅表现出驾驶员在开车时的沉着冷静，更赋予了汽车与众不同的个性，集速度与激情、理智与酷炫于一体。黑色代表着正统、严肃、刚直，让人联想到夜幕降临华灯初上的城市夜空。在设计中需要表现男性的坚毅、沉稳、执着的品质时可采用黑色，如劳力士男士腕表设计采用黑色表现出一丝不苟、精准永恒、精益求精的精神品质，搭配白色纹理又体现了理性与烂漫的统一。

图 4-15 凡·高的画作《向日葵》

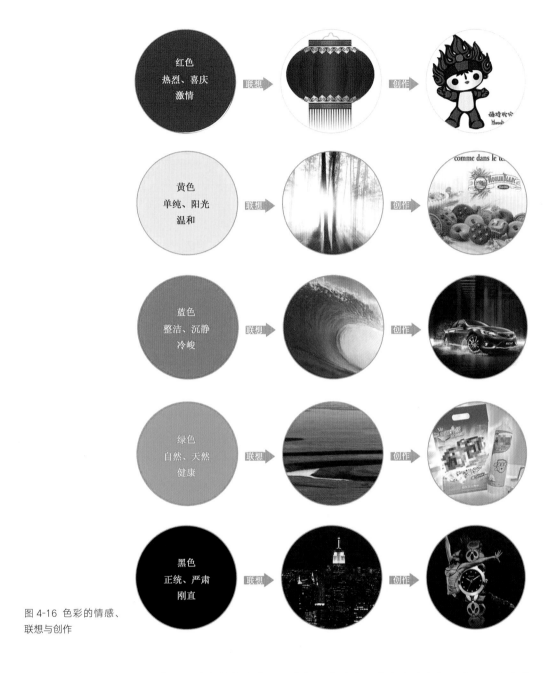

图 4-16 色彩的情感、
联想与创作

　　需要特别注意的是，色彩的象征性与文化密不可分，它们在世界范围内并非保持一致，而是在不同的地区和社会中呈现出不同的面貌。在葬礼上什么颜色代表着悲痛？我们可能很容易就想到黑色，但是在印度却是用白色来代表，在土耳其则是用紫罗兰色，埃塞俄比亚用的是棕色，缅甸用的是黄色。什么颜色代表着皇室？

我们通常认为是黄色代表皇权，古罗马皇室的象征色是红色（这一风俗一直延续至今，现在天主教教堂里的主教仍然身着红色的衣袍）。什么颜色用于婚礼礼服？在中国是红色，西方是白色，但对于印度教教徒来说婚礼礼服应该是黄色。不同时代和不同文化产生了不同的色彩象征系统。

五、色彩的调和

"调和"一词源于希腊语，本义是"组织"或"结合"，是希腊时期主要的美的形式原理。通俗来讲，色彩调和是指两个或两个以上的色彩有秩序、协调地组织在一起。色彩调和的意义是将有明显差别的色彩构成和谐统一的整体经过必需的调整，使之能自由地组织，构成符合目的性的色彩关系。色彩的调和与色彩的对比，是绘画和设计的基本要求。在色彩配置上，调和就是把本来存在差异的色彩对比关系，经过调整重新组合成一个和谐且具有美感的统一整体。调和是色彩配置的主要原则，包括以下几种色彩调和：

①相近色的调和。相近色的调和指采用同一色相的色彩进行组合，使色彩在明度、纯度方面均有变化的调和方法。相近色的调和色彩选择要限制在色相环中任意小于30°角之内的色相。这些色相由于距离相近，有共同的色彩相貌，因此调和效果较好，如图4-17所示为两款茶叶广告设计，同样使用绿色，通过改变绿色的明度和纯度使绿茶这一主体易于识别，同时又彰显

出品牌形象，左图的闽榕茗茶表现了绿茶的清新飘香，右图的雅茗轩体现出绿茶的清纯高雅。同种色的色彩配合属于色相上的弱对比，因色相同一，极易单调。调和的方法是改变色相间的明度和纯度，拉开相互间的层次，避免二者相似。也可以在不改变同种色配合主调的前提下，选择对比作为点缀色，弥补色感不足而取得画面的调和。

②类似色的调和。类似色的调和色彩选择要限制在色相环中大于30°小于90°范围内的色彩之内的色相。类似色的色彩配合也属于色相上的弱对比。因其在色相上具有微妙的变化，所以这种配合极易达到调和，但处理不当也容易产生平淡，失去生动的效果。调整的方法是适当增强明度和纯度的对比，使色相层次变化更加明确，配置上更显生动，取得整体上既有变化又有统一的调和效果。如图4-18是一幅反映江南水乡小桥流水人家的水彩画作，画中的色彩采用类似色的调和，近处的树木采用黄、绿的调和，稍远处的小桥采用蓝、紫的调和。不仅有色彩的调和还有色彩的对比，比如明度

图 4-17 茶叶广告设计采用相近色的调和

图 4-18 江南水乡小桥水彩画采用类似色的调和

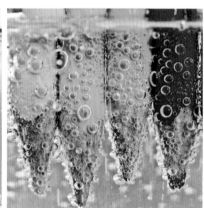

图 4-19 蜡笔广告设计
采用对比色的调和

高的黄色与明度低的紫色的对比，明度的对比形成了生动的小桥上的光与影，流水的明与暗，以及景色的远与近，显示出江南水乡的秀美与灵动。

③对比色的调和。对比色的调和色彩选择在色相环中大于 90° 小于 120° 范围内的色相。对比色的配合属于色相的强对比，因其色相不同，色彩的对比鲜明而强烈，又因色差很大而无共性，所以很难统一，使其达到调和的方法是调整其色相的明度和纯度，以求明度或纯度上的近似以达到调和。如图 4-19 所示蜡笔广告使用的色彩非常鲜艳，但由于色彩明度

的一致，因此色彩都不会特别地突出，几支蜡笔整齐一致地浸入水中呈现的透明感和水泡加强了视觉上的整体感，表现出蜡笔没有渗透性，着色固定的特性。将明度统一，其意义就等于不在设计上做出特别突出或醒目的部分。明度一致的色彩设计可以使整体有种均衡和平面的感觉。

④互补色的调和。互补色的调和色彩选择在色相环中呈 180° 关系的色相。互补色的配合属于色相的强对比，色彩对比鲜明而强烈，又因色差很大而无共性，所以很难统一。互补色调和的办法可以利用互补色面积的比例来调和。

图 4-20 家居餐具设计采用互补色的调和

利用大面积的一种颜色与另一种面积较小的互补色来达到平衡。如以 6 ：4、7 ：3 甚至 8 ：2 的面积比例分配的原则。此外，还可以通过降低一方的纯度，使色彩变得含蓄、温和，达到既变化丰富又和谐统一的效果；又或者采用色彩系列化过渡，按照色相环的顺序，选择两个互补色之间的系列色相，使互补色产生一种渐变的效果，达到和谐统一。图 4-20 家居餐具设计采用蓝、橙互补色，蓝色的面积大于橙色面积，两者比例大致为 6 ：4，在视觉效果上既有平面又有立体，蓝、橙两色既是背景色，又穿插出现在餐具中，体现了别具特色的家居美学。

第二节 肌理

一切作为物质存在的东西都具有自身的肌理。肌理是由材料表面组织构造、纹理等几何细部特征构成的形式要素。"肌"是皮肤的意思，"理"是纹理、质感、质地的意思。肌理又称质感，由于物体的材料不同，表面的组织、排列、构造各不相同，因而产生粗糙感、光滑感、软硬感。物体表面的结构特征能够影响作品的视觉感受并产生丰富的情绪与联想。如粗糙的肌理让人感觉沧桑、男性化，光滑的肌理让人感觉干净、清爽、女性化，干裂的肌理使人感觉粗犷、古朴，从而影响人的审美心理。

一、肌理的自然属性

肌理分视觉肌理和触觉肌理，视觉肌理主要指物体表面和表层色彩纹理，包括光被肌理折射后对人的视觉强弱反应；触觉肌理指物体表面的光滑或粗糙、坚硬或柔软并能触摸到的纹理。从产品设计的材料属性来分，肌理的表现形式有三大类型：其一，纯天然肌理，突出纯朴、天然，如藤、草、竹、木、石及动物毛皮、昆虫外壳等；其二，人工合成仿自然肌理，如人造仿真皮革、复合木材、塑料、人造大理石等；其三，智能化计算机辅助设计肌理，着重于表面色彩纹理形式的变化，通过印刷、喷绘等媒介实现，其变化多端的肌理纹饰是天然和人工肌理难以达到的，如人造墙纸、贴模、彩喷、地板胶的纹理等。肌理是大自然无偿带给人类的杰作和美感享受，肌理的天然去雕饰、变幻无穷的视觉之美使人叹为观止。如图 4-21、图 4-22 所示是由筑博 – 联合公设设计的三水新城文化商业综合体，三水城市因西江、北江、绥江三江在境内汇流而得名，三水新城以山、水、岛、城、洲的规划理念更让人为之向往。三水新城文化商业综合体五栋建筑的立面用一幅完整的水墨山水画绵延串联，既分亦合。水墨画通过参数化的圆洞尺寸和密度呈现，为了更加真实地模拟呈现宣纸的肌理，创新性地把金属板材做了捶打效果，增加建筑表面光线的漫反射，减弱金属本身的强烈自反光。白天这幅立体的水墨山水画卷清晰可辨；入夜，建筑在灯光下，立面上的山水画卷形成反向版画效果，倒映于水庭，成为一道亮丽的风景。

图 4-21 三水文化商业综合体夜景

图 4-22 三水文化商业综合体建筑表面的计算机辅助设计
肌理

二、肌理的功能

1. 审美功能

肌理是造型艺术特有的美感特征，作为视觉艺术的一种基本语言形式，与平面、色彩、立体构成要素一样具有造型审美功能。当材质肌理赋予产品形态时，同时也增加了产品设计内涵的语境传递，表达产品设计人性化的审美诉求，提高产品活力，带给人们更多的精神享受。如玻璃、大理石与树皮、花生壳手感的光滑与粗糙完全不一样，树木肌理使人联想到自然森林温暖感，不锈钢肌理使人产生冰凉机械感，大理石肌理则产生坚硬的重量感，皮毛肌理使人联想到柔软轻快感。由于它们具备的强度、硬度、韧性等使用功能的不同，给人的心理审美暗示和联想也不同。

但不是所有的肌理都产生美感，事物总有它的正反面，对肌理的审美人各有别，这与人的性格、修养和认知有紧密联系，因为视觉和触觉会影响人的心理反应并产生错觉和联想，有些肌理只有在某个特定的空间、特定的环境、特定的光线之下通过工艺加工才能呈现出某种美感。如一般的人看到老虎和豹子就会"谈虎色变"被它们的威猛所吓倒，但对虎皮做成的大衣、坐垫、毛毯却爱不释手，那虎纹美丽的肌理带给人们美的享受和心灵的安慰，深得人们喜爱。由此可见，设计能使材质肌理展现出第二次形象生命，产品受众性格心理的差异也决定着对肌理的审美取向。如果从人们对肌理的心理感受来理解，肌理传达的信息不仅包括物体表面的纹理和色泽，还包括人的视觉或触觉所能感受到的比物体表面更深的审美心理暗示。

现代科学技术为肌理提供了有力的支持，材料、化学、物理、计算机领域的变革，将人们的想象及各种自然肌理纹样作为视觉信息转化成产品材料表层语言，使之传情达意，使产品设计的功能表现与审美心理效应之间达到一致。

2. 实用功能

肌理在设计中很重要的功能是便于识别，在现代产品设计中经常会用不同的肌理形态、色彩、材质及指示线来分类区分产品的功能区域。肌理的起伏、曲直、凹凸的强弱对声光的反应也有很大影响，光滑的肌理能反射声光，而毛糙的则吸收，设计能起到调节声光对人的作用，如在影剧院的墙壁、服装的面料设计中都会考虑肌理对声光的影响。在设计中应用繁与简、强与弱、刚与柔、艳与灰的肌理对比手法，可以突出产品中心和主体部位，主导产品形态功能。

肌理与设计肌理被人们所认知并广泛应用于设计之中，应该是从 18 世纪工业革命之后开始的。由于工业革命带来了标准化、批量化和机械化的生产方式，设计与生产的分离，人们对材料的性能、特征和审美要求更高，设计师们从传统的手工艺品设计、制作中受到启示和借鉴，并依托工业技术去发现和拓展产品材料的肌理美感。如近代的一些中外建筑、家具、交通工具的设计作品中，不乏合理应用材料质感的对比变化使其放射出异彩，成为设计的经典。

肌理一方面是作为材质的表现形式而被人们所感受；另一方面则体现在通过先进的工艺技术、创造新的肌理形态，从而延伸产品的形态空间和质感内涵，赋予新的材质生命。长期以来，肌理是设计师们设计活动中首选的重要元素。如中国陶瓷艺术享誉世界，从原始彩陶工艺发展到成熟的施釉窑变工艺，产生出丰富的瓷釉肌理，白瓷如乳、青瓷如玉。随着化工和熔炼技术的提高，使塑料、陶瓷、玻璃材质肌理不断出新，玻璃成型的光色变化、瓷器釉色的琉璃结晶、多层施釉等工艺产生出变化万千的肌理视觉效果，这些都被广泛应用于餐具器皿、建筑装饰材料产品设计之中。合理选用材质充分应用工艺手段，更有化腐朽为神奇的作用。肌理设计是一个合理选材、创造性地加工组合各种材料的过程，是对产品造型设计的技术性和艺术性的先期规划，是"造物"与"创新"的过程。如图 4-23 所示清早期的楠木雕花双面工翘头案，通体为楠木所制，器形制古朴文雅，制式稳重大器，牙板上浮雕有舞狮及奔马图案，挡板雕"五福捧寿"（图 4-24）寓意丰富，雕工精湛，线条简练优美，清水皮壳，给人视觉上的美感。

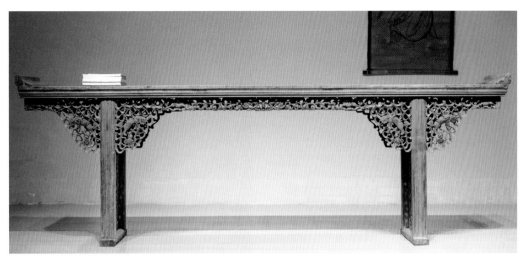

图 4-23 清·楠木雕花双面工翘头案

图 4-24 楠木雕花双面工翘头案的挡板雕"五福捧寿"

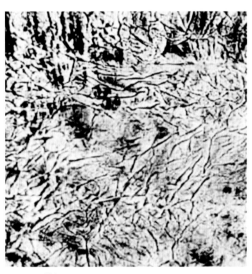

图 4-25 搓揉肌理

泼、磨、浸、烤、淋、染、熏烧、拓印、贴压、剪刮等手法来制作。可用的材料也有很多，如石头、木头、玻璃、面料、油漆、海绵、纸张、颜料、化学试剂等。肌理的制作主要是通过对各种形式和材料的应用来达到肌理的变化和美感。

三、人工肌理的创作方法

创作肌理的手法是多种多样的，比如用钢笔、彩笔、铅笔、圆珠笔、毛笔、喷笔，都可以形成很多独特的肌理痕迹；也可以用画、洒、

1. 搓揉

将画纸揉伤，涂上颜色，纸面上的揉伤程度不同，吸色的深浅也不同，使画面产生各种自然的纹理效果（图 4-25）。

2.喷洒

将颜料调制成适宜的稀度，进行喷、洒或倾倒在平面上所获得的肌理效果（图4-26）。

3.扎染

扎染是中国民间传统而独特的染色工艺，是织物在染色时部分结扎起来使之不能着色的一种染色方法。具有吸水性的物体表面可用扎染来获得肌理效果（图4-27）。

4.熏烧

用火焰在物体表面熏烧，烤成一种熏黑或燃烧后的痕迹所产生的自然纹理。如图4-28所

图 4-26 喷洒肌理

图 4-27 扎染肌理

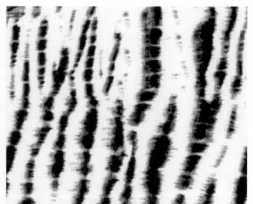

图 4-28 熏烧肌理

示太乐十孔双腔统熏烧陶埙是中国传统乐器，
经由练泥、拉坯、烧制而成，制作时火焰在陶
器烧制过程留下的痕迹形成了古埙独特的纹理。
这些虚无缥缈的纹理恰似乐器演奏出的声音余
音绕梁。

5. 撒盐

在湿画面上撒上盐，干后则产生雪花的效
果，如图 4-29 所示水彩画的天空就是在蓝色水
彩颜料中撒盐形成的类似雪花斑驳的效果。

6. 涂蜡

用蜡笔、油画棒等材料涂在要预留出来的
画面上，这样既可以起到留出亮色的作用，又
可留白，还能造成斑驳的肌理效果。如图 4-30
所示画中天空以及海鸟都是采用涂蜡的方式绘
制的。

图 4-29 撒盐肌理

图 4-30 涂蜡肌理

7. 拓印

拓印是在凹凸不平的物体表面涂上颜料，用纸覆盖在其上，均匀地挤压，纹样印在纸上的染色方法，如图 4-31 所示是树叶的拓印。

图 4-31 拓印肌理

【单元思考与练习】

思考

1. 色彩的情感效应是怎么产生的？在设计中我们应该如何运用色彩？

2. 什么是肌理？肌理的创造方法有哪些？

练习

目的：色彩构成即色彩的相互作用，是从人对色彩的知觉和心理效果出发，利用色彩在空间、量与质上的可变幻性，按照一定的规律去组合各构成之间的相互关系，再创造出新的色彩效果的过程。色彩构成训练能培养提升学生对色彩的感觉和敏锐度，为设计创作打下基础。

要求：

1. 以 3 人 / 组分析 1 份优秀的艺术作品（绘画、摄影、建筑等），分析其色彩的相互关系及构成规律（色相、明度、纯度；调和手法、面积比例等）。

2. 用水彩纸 /PS 软件制作出 A3（420mm×297mm）的图纸 2 张，其中一张为艺术作品（照片）、简介、色彩构成分析，另一张根据艺术作品的元素、色彩构成规律，运用点 / 线 / 面等元素抽象组合出新的形态，赋予色彩，表达出作品主题（安详、宁静、希望、威严、狂躁、焦虑等），可以尝试以重复、渐变、近似、对称、旋转、放射、密集、变异等关系构成新的视觉形象，以美为目标。可用水彩 / 马克笔 / 彩铅上色或者 PS 上色，手绘或电脑出图。

点评：色彩构成练习需要学生了解艺术作品的创作背景，准确分析艺术作品的主题内涵，以及艺术家如何结合色彩的生理和情感效应运用色彩调和的手法进行主题表现。在对艺术作品进行色彩分析的过程也是理解、消化和内化色彩构成知识的过程。《夜晚咖啡座》色彩构成选自凡·高于 1888 年 9 月所创作的画布油彩画《夜间露天咖啡座》，主要采用蓝色和黄色的对比表现出夜晚深邃的星空与露天咖啡厅温暖灯光相映下呈现的温馨而充满诗意的画面，体现了画家对宁静、安详的追求与渴望。色彩构成作品采用原作的色彩进行重新组合，运用对比、渐变、近似等构成关系，并采用对比色调和的方法通过色彩的明度和纯度的近似达到调和，准确体现了艺术作品的色彩规律（图 4-32）。

·色彩构成——夜晚咖啡座

Cafe Terrace in Arles at Night

凡·高 　　　夜间露天咖啡座

夜间露天咖啡座-局部　　　　　夜间露天咖啡座-局部

· 选图为《夜间露天咖啡座》，是凡·高于 1888 年 9 月所创作的画布油彩画。主要色彩为黄和蓝。

· 夜晚的天空呈现深蓝色，给人一种深邃静谧的感觉。

· 街道一侧的楼房也是昏暗的蓝黑色，与街道对面咖啡馆亮黄色的灯光形成色彩知觉度对比，即冷暖色对比。

· 左侧的咖啡馆主要色彩为黄色，且采用色相推移，从天花板的亮黄色到地板的暗橙色，给人带来温暖的感觉。

· 色彩纯度对比的运用也使得画面构成更有规律，联系密切。

　街道左右两侧所用色彩的不同，色彩明度对比极其突出。

· 通过运用色相环中位置相对的两类色彩(黄和蓝)，使画作更具纪实性且对比明显，更凸显凡·高对于这座咖啡馆的喜爱。

· "晚上作画，屋天上闪烁的星星，地面有灯光，是一幅很美的与安详的作品。" ——凡·高

图 4-32 学生作业——色彩构成

第五章

造型方法

第一节 立体构成

在我们的日常生活中，从文具、餐具等小型器物到室内家具、建筑物等较大的立体形态，以及庭园、都市等大规模的"三维形态"，人们生活在各种三维的"形态"环境中。另外，工作机械和交通工具等用于制造或运输的各种机械类用具，也都属于三维的形态。上述物体是从实用的功能和用途来决定设计形态的。此外，还有不具有使用目的、将形态本身当作鉴赏对象的纯艺术造型。立体构成是对上述各种三维形态所具有的基本问题加以研究。

在构成教学当中，立体构成可以说是对平面、色彩与空间的综合理解。立体构成是从形态要素出发，研究三维形态创造规律的造型基础学科；立体构成使用各种基本材料，将造型要素按照形式美的原则，进行分解、抽象与重组，从而创造形态的造型过程。立体构成是在一定空间内产生的，在空间范围内存在的物体，必须具有一定的立体形态。立体形态的建立是由点、线、面、体、空间、色彩和肌理等基本造型要素按照美的形式法则组合而成的。立体形态要求对形、色、质、心理效能做探求，同时也要对材料的加工工艺、物理效能做进一步的探求，立体构成通过构造部件的立体组合而获得物体的稳定、平衡、强度、量块感、进深感。立体构成是三维空间的一种体验，学习和创造立体构成要符合自然规律，而自然规律又可划分为自然形态和人工形态存在。无论是微观形态还是宏观形态，都要涉及造型和造型方法的训练。

一、立体构成的基本要素

立体构成研究的内容是将涉及各个艺术门类的相互关联的立体因素，从整个设计领域中抽取出来，研究单纯的形态，掌握形态的本质、规律和逻辑，从而做到科学、系统、全面地掌握立体形态。

立体构成能为设计提供广泛的发展基础。立体构成的构思不是完全依赖于设计师的灵感，而是把灵感和严密的逻辑思维结合起来，通过逻辑推理的方法并结合美学、工艺、材料等因素，然后确定方案。在立体构成的研究过程中，不仅要掌握立体造型规律，而且还必须了解或掌握技术、材料等方面的知识和技能。立体构成要素分为形态要素、结构要素、材料要素和形式要素。

1.形态要素

自然界中的所有形态都可以归纳、总结为单纯的点、线、面、体四个形态概念。在形与形的构成中，可以将点、线、面赋予不同的尺度和形态，不同的形态代表着不同的性格和不同的寓意。立体构成的形态大体可以分为几何形、不规则形、自然形，加入材料原有肌理或者加工后的肌理和色彩后，可创造出丰富的立体形态。如图5-1所示美国"如果可以的话，快给我"（Cache Me if You Can）艺术装置位于帕洛阿尔托市政厅前的国王广场，该装置由10个相等的三角形硬质PVC塑料板构成，内部和外部共有20个印有图像的表面，并打出小

图 5-1 美国 Cache Me if You Can 艺术装置

孔，形成虚面的效果。当游客从正面靠近时，装置将与周围环境保持一致，从其他角度看，图像将呈现出拉伸、折叠和镜像的效果，带来另一种奇妙的视觉体验。晚上光线从三角形板面上的孔径发出，在广场上投下一组新的图像。

2. 结构要素

立体是形态的概念，构成是形式、方法，而重点在于结构。立体构成中的"结构要素"是将基本形以及由此分解而成的形的基本要素组织起来的造型方法。材料与材料的组合可以通过拼接、穿插、堆积、穿孔、桁架、薄壳等构造方式进行衔接。

3. 材料要素

材质要素是指材料（如木、竹、石、铁等）的组成及其性质。任何立体构成活动都必须通过一定的材料作为载体创造内容。各种物质都具有复杂的属性。质感指的是物质的表象，属于视觉与触觉的范畴。材料从形状划分可分为线材、面材（板材）、块材。如图5-2所示是运用不同的面材进行的家具座椅设计，皮制的座椅形态比较厚实而稳重，体现一种尊贵的气质；塑料的座椅形态比较随意活泼，恰好反映出材料的可塑性；钢材的座椅形态简洁，显示出材料的稳固性。

图5-2 材料对家具的影响

4. 形式要素

任何视觉艺术要遵循的艺术形式法则，在立体构成作品中都能得到体现，如对称、均衡、调和、变化统一、节奏、韵律形式关系等，对美的形式法则的理解与运用在立体构成实践中也得到全面体验。

二、形态要素的基本操作方法

设计中对形态要素进行操作的基本手法无外乎积聚、切割和变形三种，或者是运用以上两种或三种进行综合操作，从而形成各种新形态。将各种材料按线、面、块分类，然后进行加工制作，其造型手段大致有以下几种。

1. 积聚

积聚是把基本形态作空间运动，按骨骼系统集积起来成为整体。积聚是一种加法的操作。用很多最基本的要素、基本形在空间汇集、群化，便能形成各种力感和动感，构成各种形态的雏形。许多基本形态向某些位置聚集（趋近于某些点、某些线，或形成某种结构），或者由某些位置扩散，造成方向趋势上的规律和疏密、虚实上的对比，称为积聚。积聚的线、面、块构成各种立体形态，因为群化的形态便于从背景中分离出来。由于形态之间张力的存在，那些较大、较粗的形往往成为较小、较细的形积聚的中心。积聚而形成的形态成为基调，而聚集形成的中心位置和方向便成为强调。如图5-3所示左图以线性的正方形为基本元素，6个正方形组成了1个正方体为基本形，将基本形进行下小上大的堆积组合后形成了向上生长的动感与趋势，整体形态既活泼又不失稳定。而右图以线性的三角形为基本元素，4个三角形组成了1个三角锥为基本形，将基本形进行下大上小的积聚后形成了稳定向上发展的趋势，整体形态通过不对称的均衡体现出美感。

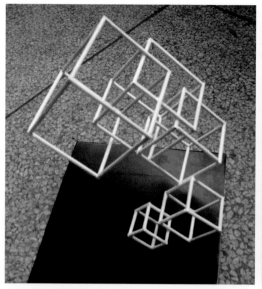

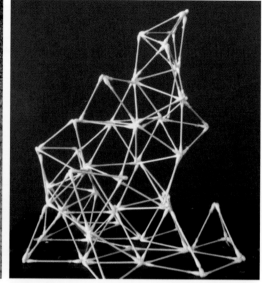

图 5-3 基本形的积聚

图 5-4 基本形的切割

图 5-5 基本形的变形

2.切割

切割是把一个整体形态分割成一些基本形进行再构成。切割是一种减法的操作过程。如图5-4 所示是将基本形立方体进行切割分解后每个面均分成了 9 个正方形，形成整体与局部的关系，有些是实面，有些是虚面，形成虚实对比，立方体切割后形成线与面的构成，分解后的局部呈现出线与体的构成关系。

3.变形

将形态进行变形的操作主要是指对基本

形——线、面、体进行卷曲、扭转、折叠挤压、生长、膨胀等各种操作，使形态发生变化，产生紧张感。如图 5-5 所示将金属面结构进行螺旋形的扭转，使其产生一种紧张感。

三、结构要素要考虑力的作用

在我们的世界中，存在着各种不同的力，有引力、重力、压力、张力，等等。可以说，由于这些力的作用而成就了我们生存的世界。物体的稳定存在或是雕塑屹立不倒的理由，正是由于这些作用力的平衡而形成了静止状态。力学的基本作用力——压力和拉力、压缩和拉伸所形成的反作用力可当作造型的重要构成要素。许多作品，尽管处于压力和张力的关系之中，但经常是在力和形相反平衡的微妙关系中形成的，这种关系在日常的建筑、桥梁等人工构筑物中都有所见。

1.结构的连接

所谓的"连接"，是指把两个以上的物体连接成为一个连续性的物体，身边的木制生活用品中常见到这样的例子。作为立体构成基础的点、线、面的应用，伸缩型安全栅栏中的木条用销连接起来，这是线的连接构成。在镜子上的缘饰用许多木制珠子串起来，这个是点的连接构成。装饰架用四根柱把搁板支撑连起来，是面的连接构成。只要留心观察，以上相似的例子随处可见。

2.桁架结构

构架结构中最稳定的，是以三角形组合成的桁架结构。平面的桁架结构是把相邻的三角形加以组合，立体的桁架结构是以面来接合，并以四面体的形式叠合而成。桁架结构由轴材与枢轴的接合部所形成，枢轴不会传送力矩，通常对轴材起拉伸和压缩作用。日常的大型建筑，比如候机楼、影剧院、桥梁等都会应用桁架结构。

3.壳体结构

在自然造型的构造中，能显示出巧妙的形态有很多，贝壳结构是其中之一。蛋壳或贝壳虽然很薄，但具有强劲的造型与结构性，将它应用在空间构成上，便是壳体结构，其材料是钢筋混凝土或钢骨的立体桁架式结构。使用现代的钢筋混凝土或钢骨来制作弓顶、拱顶等并不难。此外，若施工的可能性扩大，则可尝试壳体结构、折板结构、波形壳体结构等。随着新材料的开发，会有更好的造型问世。

四、材料的加工

1.纸

纸是很薄的材料，因其便于加工也是立体构成中常用的材料，它不必像木材一样使用榫头接合，只要切开纸张的边缘便可简单地相互接合。

常用纸材可分为以下几种类型。

①包装类：瓦楞纸、卡纸、纸板、牛皮纸及各种内衬用纸等。

②印刷类：打印纸、书写纸、新闻纸、胶版纸、卡片纸、铜版纸等。

③绘画类：素描纸、速写纸、水彩纸、水粉纸生宣纸、熟宣纸、毛边纸等。

④实用类：相片过滤纸、白卡纸、白玻璃卡纸、晒图纸、卫生纸等。

纸张的接合，有接合后不再分开或只是暂时接合随后分开两种情形。此外，纸很容易加工，可以做各种不同的接合。其接合的方法，有单纯的"固定""订缀""镶嵌"等方法以及经过"嵌""插""折"等复杂的接合方法（图5-6）。

图5-6　纸板的穿插接合

夸张一点说，只要剪一刀便可达到接合的目的。由于摩擦的作用而不容易分离，但是必要时也可以分解。可以说，这种接合方法不论分解或组合都非常便利。在我们的实际生活中，经常把这种方法应用在包装上，在玩具、教材等方面也应用很广。

纸与纸的接合，根据不同的切割次数及切割方向，可产生不同变化的接合方法，有以下几种分类。

①横方向插入的接合：单纯型、复合型、贯通型。

②纵向插入的接合：榫头型、挂钩型、八字形、嵌入型。

③压入型：外向型、拉入型、卷入型。

④折回型。

2. 塑料

我们日常生活中所使用的"塑料"是"合成树脂"的总称，第一种完全合成的塑料，是20世纪初由比利时人列奥·亨德里克·贝克兰（Leo Hendrik Baekeland）发明的，并根据他的名字命名为"Bakelite"。从那以后陆续有新的塑料产生，尤其在第二次世界大战后，随着高分子化学飞跃发展，其种类也增加了很多，几乎已经达到无所不用的地步。塑料黏结可使大部分物体能以最适合的形态成型。

捆包用的胶料带、打包瓦楞纸箱使用的胶料带等具有很强的韧性，但不能像过去的捆包用绳类一样可以用手自由地捆绑，而必须使用特殊的方法使它们连在一起。其中之一是使用塑成型的销扣。把整圈的胶带拉长绕箱子一圈，在两端套上塑料锁扣加以连接。还有一种方法，是使用专用工具把胶带捆紧，同时在重叠的部分加热压合，接合部非常坚固，且平整无棱，可以说是一种很好的连接法。

塑料连接的基本方法，可依连接部的强度、接脱的必要性及频率、材质、形状等条件加以选择。塑料素材中，有如橡胶具有弹性的，也有其硬度、韧性近似金属的。由于特性各色各样，因此需要视其特性并加以选择。

（1）螺栓连接

当透明的物品或用金属螺栓在外观或功能上不便时，常使用一部分透明或不透明的塑料螺栓。螺栓可直接扭入被连接件的螺纹孔中，不用螺母，也可以配合螺母固定连接。但是在塑料的一端加工成螺栓的例子极少，加工成螺母的也不多。一般多使用自攻螺栓，边拧紧边形成连接。这样的做法通常是使用在连接之后不再拆卸的地方。

（2）利用弹力或摩擦力的机械性连接

在日常用品中，利用塑料弹性连接的例子不胜枚举，这些连接的部分用模具成型时，以最适合连接的形状制造，一般使用在机器类的连接零件，很多都是为了配合专门的目的而设计制造的。

（3）使用溶剂的黏结

热塑性塑料的黏结通常使用挥发性溶剂，黏结剂把母材的接触面溶化一部分后，随溶剂的挥发而完成黏结。大部分的溶剂呈液体状，因此常使用注射器利用毛细管现象吸入黏结面间隙，或用笔在黏结面上涂抹再加以压合的方法。

（4）热熔黏结

使用熔接棒及热喷枪熔接，也可以使用热模一边加压一边加热的熔接方法。其他的熔接方法有：高频熔接聚乙烯或乙烯等材料所做的薄膜；若接合的部分同为圆形时，可把方边旋转边和另一方接触摩擦生热熔接，这称为旋转熔接；或使用超声波振动的方式，使接合部的面受热后加以熔接，这称为超声波熔接。

3.木材

如果说纸是人工的造型材料，那么竹、木、藤则是天然的造型材料。与石材、金属等其他材料相比，竹、木材料具有质地柔软、体轻、易加工的特性。木材天然的纹理具有独特的质朴、原始、雅致的韵味，而且由于其种类和生长环境的特点，木材的独特性也是其他材料所没有的。可以这样说，世界上没有两块完全一样的木材，因此，用木材进行的立体构成也就具有独一无二的特性。

我们在使用木材时，要根据木材本身的特性进行创作，在利用木材作构成时，还应注意木纹的纹理位置和方向等，木纹纹理的改变会使造型产生截然不同的效果。竹、木材料的特点是加工容易，质量轻，既有硬度，也有柔性，拉伸强度大，外表美观。但由于竹、木是有机体，容易扭曲、胀裂、变形，因此加工时要注意适应材料特性，并可上蜡或使用油漆以防腐。

4.金属

金属材料种类繁多，各有特性，但也具有一定的共性：①物理特性。通常情况下为固态，质量较重，在高温下可熔化，导电、导热能力强，有光泽，有磁性，热胀冷缩性明显。②化学特性。往往可被酸性物质腐蚀。③机械特性。通常比较坚硬，有很好的延展性，耐拉伸、剪切和弯曲。在立体构成与雕塑的练习中常使用钢、铁、铜、铝、铅等金属。

金属通常分为黑色金属、有色金属和稀有金属。在科学高度发展的今天，金属合金材料成为人们寻找新型材料的新宠。如：

①高温合金。即在极高的温度下，不会发生熔化、变形，仍能正常工作的金属材料，属高科技材料。

②超塑性合金。这是一种很奇特的金属，在特定的温度下，这种金属会变得像糖一样柔软，并且有极强的延伸性能。

金属造型的形式变化丰富，同时精致美观。这是因为金属有光泽、有磁性、有韧性、有较强的视觉感。金属材料主要有线、棒、条、管、板、片等形状。加工工艺因条件、设备所限，主要有切割、弯曲、打造、组接、抛光等几种。

五、线、面、体的立体构成方法

1.线材构成

线在立体造型中有很重要的作用，具有极强的表现力，它能决定形的方向，也可以形成形体的骨骼，成为结构体的本身。许多物体构造都由线直接完成。错落有致的树枝、无限延伸的铁轨、岁月沧桑的皱纹，都给我们实际的线的体验。线相对于面和体块更具速度与延伸感，在力量上更显轻巧。线材是以长度单位为特征的型材，具有长度的方向性，能表现各种方向性和运动力。不同形态的线会带来不同的情绪感受，用直线制作的立体构成造型，使人产生坚硬、有力的视觉感受，但易呆板；曲线形成的造型则会令人感到优雅、舒适，但若处理不当则容易混乱。同样形态的线会因材质的不同而引起视觉与触觉上的不同。

用于线构成的材料有纸张、木条、树枝、铁丝等动植物纤维，以及钢管、塑料管、玻璃条等人工材料和其他可以分割成线形的材料。

线立体构成主要通过下列几种方法建构、组织。

①累积构成。把材料重叠起来做成立体的构成为累积形式的构成。

②桁架构造。桁架又称为网架，是采用一定长度的线材，以铰节、构造将其组成三角形，并以三角形为单位组成构造体。

③线层构成。是用简单的直线依据一定的美学法则，如重复或渐变，做有秩序的单面排列或多面透叠曲面的构成。

④框架构造。是用硬质线材制作成基本框架，基本框形呈立体形态，可以根据造型需要加以变化。

⑤软线构成。软线线材有麻绳、绒线、呢绒细线等具有软性触感的线形材料。软线自身很难定型，且视觉上缺少力度感，但若将其进行编织、缠绕或依托硬性材质进行拉引，则能获得较强的造型空间，同时也能提升它的力度感。造型丰富的中国结、盘扣就由软线编织、盘绕而成，传统纤维艺术所使用的材料大部分为软性线材。软质线材构成可分为：木框架的软线材构成、木托板金属框架软质线材的壁饰构成等形式。

⑥自由形态线构成。地表的龟裂纹、满墙的爬山虎、密而有序的鱼刺、火山岩浆的流淌都展现了自然造化的魅力，并都有着自身独特的构成规则。这些形态生动、构造合理的自然物象都是在创作时取之不尽的素材。

2. 面材构成

面材构成的形态具有平薄与扩延感。面材构成的应用非常广泛，建筑以及构筑物的墙、顶、立面组合，家具的板材组合，服装，以各类面料构成的人体包装、商品包装，以各类材质制造的多样的薄壳容器，室内立面的组合等，这些大多以面的构成形成设计。可供面体构成使用的材料较多，使用250g以上的白卡纸是最佳选择，因为其比较挺括，便于切割和曲折，便于互相连接，加工起来较为方便容易。

面材是一种平面的素材，要将平面转换成立体，必须将平面转化成具有深度的三维空间。

（1）单面体构成

①折板构造

所谓折板，是将面材通过单折、重复折、反复折或曲线折等折曲技巧将其构成具有一定深度空间的立体造型，一般有以下几种方式：

直线重复折。在准确的图稿上，排列好棱面的连续顺序，切断线用实线表示，折曲线用虚线表示，并留出连续的粘接口，然后在要折屈的棱纸背面用铁笔或刀尖划出浅沟，最后按折线进行折曲。

直线的反复曲折。将卡纸曲折成瓦棱立体。在此基础上进行横向反复曲折，将折板构造围成筒形、球形或旋转体形，于是就变成了完全立体。

②插接构造

插接构造是将面材预留缝隙，然后利用插口进行连接，通过互相钳制而形成立体形态。插接的形式可以分为几何形体的插接和自由插接。在建筑设计及其他实用设计中，插接口往往成为重点设计的部位，并进一步发展成为夸张连接部位，或使其成为视觉重点。

几何单元形立体插接。用于插接的形都是几何单元形体。

自由插接。是指用两个及两个以上的自由面形做插接，表现出简洁、轻快、现代的感觉。

③层面排列构造

用若干同类直面或曲面，在同一平面上（垂直或水平）进行各种有秩序的连续排列而形成的立体形态（图5-7），通过单元形（形状、方向、疏密、大小、直曲）的位置移动来表现运动的变化。两个以上的相邻单元面之间的位置关系有四种：前后排列、横向延长、四边延展、自由变化。

面型的变化形式有：重复、交替、渐变、近似等。

图 5-7 层面排列立体构成：洞穴

层面的排列方式一般为：直线、曲线、折线、分组、错位、倾斜、渐变、发射、旋转等。

④壳体构造

利用面材的折叠或弯曲来加强材料强度的形态，称为壳体构造，通常分为球形壳体和筒形（柱体）壳体两种。

（2）几何多面体构成

几何多面体的特征是，多面体的面越多越接近球体。球体结构分为两种类型：柏拉图多面体和阿基米德多面体。

①柏拉图多面体

柏拉图多面体主要有正四面体、正六面体、正八体、正十二面体、正二十四面体。主要的特征为：每个立体都是由等同的一种面型构成；面的顶角构成多面体的顶角，棱角外凸并且相等。

②阿基米德多面体

阿基米德多面体是半规则（如顶点相同，面不相同），并且其面为规则的多边形。这样的多面体总共有 13 种，均由阿基米德发现，因此命名为"阿基米德多面体"。

3.体材构成

用于体的构成材料有泥土、石膏、木块和卡纸等一切可以构成体的材料。由具备体块特

征的材料，按照一定的形式法则构成新的形态，叫体材的构成。

（1）几何多面体构成

在立体世界的基本形态中，最具代表性的是正方体、球体和圆锥体，这三种形体被称为三原体，由此可以衍生出多种复杂的形体。

各个面的形状和面积都相同的体叫正多面体，正多面体有正四面体、正六面体、正八面体、正十二面体、正二十面体等，面越多则越接近球体。

几何体尽管形体简练，但较机械，缺少有机感与变化，为此，可以对几何多面体进行改造，使其既保持几何形的简练，又不失生动、变化。

①表面处理

利用挤压、挖空、扭曲等各种处理手法使多面体的表面产生立体变化。

②边缘处理

对直线的棱边进行曲线、折线或其他不规则线替换。

③棱角处理

棱角是由三个或多个面相聚而成的点，若将其切割或增加另外的形体，则会产生新的形态。

（2）多面体的群化

对多面体进行群化，以重复、渐变、密集等规律重新构成。

（3）多面体的有机感

流水冲击过的河床，总会留下流水的痕迹；湖面的层层涟漪总能让人明白是风使然。要使几何形态呈现有机感，则可以借鉴自然力对于物体的作用，即将外力施加于几何体，让几何体产生与外力抵抗的形态。在这一点上我们必须具备超乎常理的想象力，设想如果微风轻拂一组正方体，是否也能泛起层层涟漪呢？石膏球

图 5-8 亨利·摩尔的雕塑作品

体会不会像蜡一样因热力而融化？就像亨利·摩尔（Henry Moore）的雕塑（图 5-8）以极其简练的形态带给我们浑厚的生命感和无尽的想象空间。

第二节 造型方法

造型就是将形的基本要素进行有目的的组合。无论是平面构成还是立体构成都离不开造型方法，上节提到的积聚、切割、变形就是造型中常用的三种方法，根据这三种方法将造型方法分为单元法、分割法和变形法。除了这三种常用的造型方法外，本节同时也将"空间法"进行简单介绍。

一、单元法

采用单元类造型的方法包括骨架法和聚集法。我们在平面构成中提到的骨骼线构图其实就是采用了骨架法。骨架法是指形的基本单元按照"骨架"所限定的结构方式组织起来，形成新形。骨架的具体形式可分为网络式（平面式、空间式）、线形式（直线、曲线），我们在设计中运用骨架法可以有效控制形体的延展秩序。流水别墅是现代建筑设计的经典之作（图 5-9），由美国建筑大师、现代主义建筑的代表人物弗兰克·赖特（Frank Lloyd Wright）设计，别墅设计采用 5ft×5ft 网格线控制形态，整个建筑根据地形环境的变化悬在溪流和瀑布之上，别墅以一种疏密有致、虚实相交的体形与所在环境的山林、流水紧密交融，建筑物与大自然互相渗透，汇成一体，互相衬映。正如赖特所说："自然界是有机的，建筑应该从自然中得到启示，房屋应当像植物一样，是地面上一个基本的和谐的要素，从属于自然环境，从地里长出来，迎着太阳。"

我们在第三章讲骨骼的渐变就是单元类的骨架。单元类的第二种造型方法是聚集法，聚集法又称为加法，把形的基本单元通过聚集，以它们形式的相同或相似联系起来，形成新形。上一节立体构成中基本形的积聚就是采用单元类的聚集法。聚集的具体形式有向心—发散式（自由式、规则式）、集中式。如自然界的树干就是集中式的聚集。

我们采用单元类的构成法需要注意：形的基本单元的数量与结构之间的关系。基本单元的数量越多其结构的作用越大，而每一个单元在其中的作用就越小；反之，基本单元的数量越少，则结构作用越小，而每一个单元在其中的作用越大。如图 5-9 所示的流水别墅建筑形

图 5-9 弗兰克·赖特设计的流水别墅

态也是采用聚集法形成的，其基本形是长方体，别墅的客厅、餐厅、厨房、卧室等居住空间单元采用长方体，包括出挑在流水之上的阳台托板和竖立在峭石之上的壁炉都是长方体，若干组长方体纵横交错宛若鳞次栉比的山石，建筑的色彩与材质肌理无不与周边环境相互协调。

二、分割法

分割类的造型方法是通过对原形进行分割及分割后的处理，分割产生的部分称为子形，子形重新组合后形成新形。这里指的原形可以是简单的形体，也可以是复杂的形体。具体有如下几种方法。

（1）等形分割

分割后的子形相同。这样的方法也可以从单元法的角度去理解。等形分割后，由于子形相同，很容易协调相互关系（图5-10），因此有较大的处理余地，如何处理子形是造型的关键步骤。

图 5-10 等形分割构成

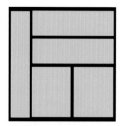

图 5-11 等量分割

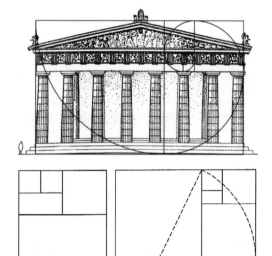

图 5-12 黄金比为基础的分割

（2）等量分割

分割后的子形体量、面积大致相当，而形状却不一样（图 5-11）。由于这种分割产生的子形的形状相异，不易协调，在后期处理时，如能充分考虑原形对子形的作用，使之具有一定的完形感，那么，子形之间就容易统一起来。

（3）比例—数列分割

自古以来人们就追求优美的数字关系，人们相信和谐的形式后面一定有和谐的数字关系。这种构成方法也在一定程度上反映了上述想法，它主要是通过子形之间的相似性来形成统一的新形。图 5-12 就是以黄金比为基础的分割及其在设计中的运用。

（4）自由分割

自由分割产生的子形缺乏相似性，因此要注意子形与原形的关系，另外还要注意子形之间的主次关系，这样有助于使子形统一起来。经过上述四种分割后，可以进行如下的处理，从而产生新形（图 5-13）。

消减：减缺；穿孔。

移位：移动；错位；滑动。

经过处理，子形之间的新的关系得以确立并形成新形。无论采取哪一种处理方法，新形应该具有鲜明的形式感，如果处理不当，就可能失去应有的秩序，造成混乱。假如新形仍然保留了原形的部分形态，子形之间有某种复归原形的态势，那么新形的整体感会加强。这不失为一种有效的方法。

三、变形法

这一类构成方法是将原形进行变形，使之产生要瓦解原形的倾向，变形的结果称为写形。同分割法类似，写形也是通过某种复归原形的态势来体现其统一性。这种构成方法显示了形态构成中有序和无序的相互依存关系，即：写形中体现的无序状态是以原形的有序作为参照、对比的。

变形类的构成方法具体有以下几种。

（1）扭曲。破坏原形的力是以曲线方向进行的，如：弯、卷、扭等。

（2）挤压、拉伸。破坏原形的力是以直线方式相对进行的。

（3）膨胀。破坏原形的力是以一点为中心向外扩散的。

虽然日常生活中这种形态并不少见，但在形态构成中利用一般材料进行操作却有一定的难度。变形类方法产生的形态构成与前面两类方法（单元类方法和分割类方法）相比，有这样的特点：变形产生的写形，其内部的每一点的相对关系都发生了一定程度的变化；而单元类方

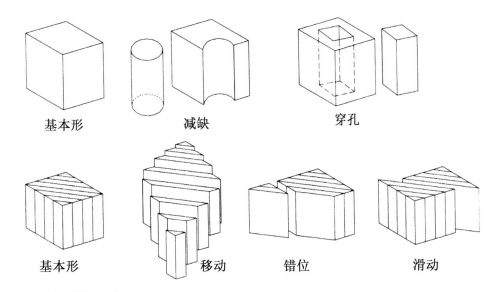

图 5-13 消减和移位处理方式图示

法及分割类方法产生的子形，只是局部的关系发生改变。如果把变形法的复杂程度比拟为乘法的话，那么单元法和分割法的复杂程度就可比拟为加减法，其变化的程度有显著的质的区别，因此，变形类方法是一种较复杂的构成方法。但是应注意，变化程度复杂与否跟审美价值的高低并无直接关系，所以不能认为变化越复杂就越高明。值得一提的是近年来这类变形构成所产生的审美趣味正逐步得到社会的承认。如图 5-14 是现代主义建筑大师勒·柯布西耶（Le

Corbusier）设计的朗香教堂，位于法国东部索恩地区的浮日山区，建筑造型奇异，平面不规则，墙体几乎全是扭曲的，有的还倾斜。柯布西耶摒弃了传统教堂的模式和现代建筑的一般手法，把它当作一件混凝土雕塑作品加以塑造，说要把朗香教堂搞成一个"视觉领域的听觉器件"——聆听上帝教诲的耳朵，它应该像（人的）听觉器官一样的柔软、微妙、精确和不容改变。不规则的曲线正好表现出耳廓的柔软，进而体现教堂的神秘感。听觉器件象征人与上帝声息

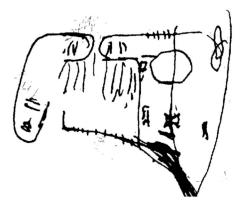

图 5-14 勒·柯布西耶设计的朗香教堂

相通的渠道。朗香教堂的设计对现代建筑的发展产生了重要影响，被誉为 20 世纪最为震撼、最具有表现力的建筑。

变形的观点是基于对原型的变化，尤其是对于简单的几何形体的变化。目前，随着计算机技术发展，非线性的造型设计在设计中得到越来越多的运用，这些复杂的造型与以往通过变形得到的复杂形态，虽然在结果上或许比较类似，但是在方法上却相去甚远。

四、空间法

除了以上三种常用的造型方法以外，还有一种空间法。空间法就是利用空间的作用来组织形体。在平面构成中把相对于形而言的"底"看作是空间，立体构成中的空间则是具体的。形态构成空间法中的"空间"与空间设计中的"空间"之区别在于：前者的空间仅仅是形与形之间组织的"黏结剂"，重点在形体；后者正相反，形体只是围合空间的工具，重点在空间。它们的着眼点不同，空间的概念在其中的作用也不同。当然，实际上往往是空间和形体二者并存，很难将它们划分得一清二楚。

这里所说的空间在很大程度上是心理意义上的。每一个形在其周围都有一个我们能从心理上感受到的控制范围，距离越近，其控制感越强；距离越远，其控制感也就越弱。我们不妨将这种控制范围称为"场"。当然，这和物理意义上的场是不一样的。既然每个形体都有"场"，当形体相遇时，其"场"的叠加部分就是心理

控制感较强的部分。不同的组合方式所产生的空间感是不同的。用这个方法我们很容易理解为什么形体进行围合时，其围合的部分空间感得到增强。其他的形体组合方式也能得到相应的解释。理解这个方法可帮助我们在进行形态构成时有效地利用空间这种"手段"。

空间法和前面曾提到的聚集法的主要区别在于形体之间的距离。形体之间的距离太远则相互之间失去控制；距离太近则近似成为一个实体（聚集法）。空间法要求形体之间的距离适当。另外，空间法中还可以利用形体之间的距离及形体的大小，形成方向感或动势。

以上我们讨论了四类基本的造型方法。其中心问题是通过对简单的基本形的处理，形成丰富的新形。相比较而言，单元法和分割法较简单；变形法和空间法较复杂。一个形态构成作品的成功与否，并不取决于造型方法的复杂程度。富有创意的构思、精心的推敲和处理、选择恰当的造型方法，才是形成优秀形态构成作品的决定因素。在实际处理形态构成的过程中，往往运用到多种手法，需要注意手法的主次关系；良好的主次关系有助于形成良好的形态。造型方法之间的界限并非那么清晰，它们的某些部分是互相包容的，比如在一定条件下，同一个作品既可以理解为单元聚集关系，也可以理解为原形分割关系，这是完全可能的。了解了造型的基本方法后，我们就应该了解如何按照审美的法则来进行造型了。接下来的第六章我们将简单介绍形态构成中的心理和审美问题。

【单元思考与练习】

思考

1. 立体构成有哪些基本要素？立体构成形态要素的基本操作方法有哪些？

2. 造型有哪几种基本方法？造型的基本方法与立体构成形态要素的基本操作有什么关系？

练习

目的：学习运用立体构成的思维在三维空间里组织实体形态的方法，锻炼对造型的感受力、直观判断力，开发潜在的思维能力。培养合理协调眼睛（观察）、头脑（理解）、手（表现）的能力。启发对材料的认识，了解各种材料、技法在立体构成中的作用与表现。通过空间构成的训练，掌握以研究纯粹空间的艺术属性为基础，探求空间形态创作的基本方法。

内容：

1. 自选抽象派的几何构成图（二维图像）创建三维空间。

2. 用绘图和模型来探索二维图像转化为三维空间的可能性，素材可以想象成建筑的基本构成元素：地面，楼板（横向）、柱子（竖向），制作成尺度为长 × 宽 × 高 =20cm×20cm×20cm 的空间模型。

要求：

1. 用模型卡纸或纸箱板、木棍等材料来搭建，研究由二维（2D）几何构成图创建三维（3D）空间的可能。

2. 首先选择一幅抽象派几何构成图，并对此做一定取舍和设计，生成二维图像；在此二维基础上做三维的研究，平面形的空间想象，图形的三维解读，探索三维的多种可能性，并做出草模；最后在分层空间模型研究的基础上，生成一完整的三层几何空间，并要求制作成 1：50 的模型。

点评：该练习旨在锻炼学生由二维图纸转换为三维空间的想象力，在不考虑功能的前提下，采用造型的方法，在既定尺度的空间限定下，对材料进行分割、减缺、聚集等操作，形成丰富多变的空间形态。作品均较好地表达了二维图纸的内容，通过轴测图表现二维图像转化成三维空间的过程，表达准确，三维模型切割工整、比例恰当、制作精美（图 5-15）。

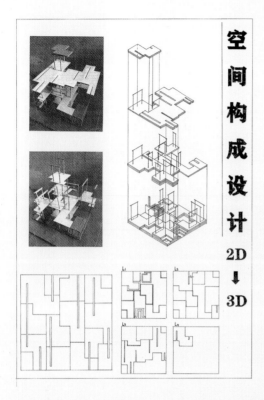

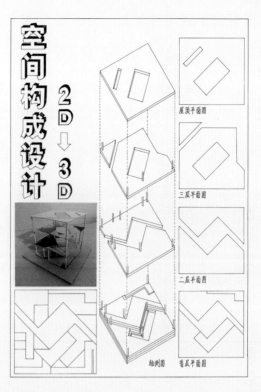

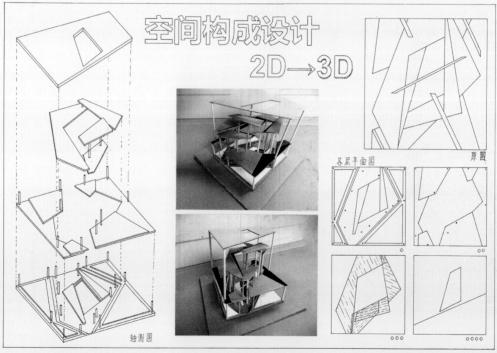

图 5-15 学生作业——"空间构成设计"

第六章

形式美
法则

当你接触到任何一件事物并判断它的存在价值时，合乎逻辑的内容和美的形式必然同时迎面而来，有待于你是否能观察到、领会到设计师的匠心，并能灵活运用它。黑格尔在《美学》中提到美的因素可分为两种：一种是内在的，即内容；另一种是外在的，即内容借以体现出意蕴和特征的东西——形式。究竟什么样的形式才符合大众审美？这一章我们将会通过形式美法则领略美的形式规律。

"美"是美学的重要范畴之一。在人类社会的发展史和现实社会生活当中，美具有重要的地位和作用。为了创造美的形式，长期以来人们一直在苦苦地探索、总结美的造型规律——形式美的法则。这些具体的法则的基础又是什么？这也是困扰人们的问题。一般情况下人们普遍认同秩序是美的造型的基础。虽然不能说有秩序就一定能造出美的形，但是没有秩序的形几乎谈不上美。秩序，也就是规律，广泛地存在于自然界。大至宇宙，小至原子都有自身的秩序。在设计的过程中，我们通过设计形式来反映设计内容，对于形式秩序的把握是以能否辨认为基础的，也就是取决于人们的视知觉。我们通过赋予形以秩序，获得了新形的创造。秩序创造了美，完全无序的形也就无形可言，它不会引起我们的注意和兴趣。以秩序为原理的构成法则有对称与均衡、节奏与韵律、对比与调和、分割与比例。

第一节 对称与均衡

从视觉角度来讲，对称和平衡是一种力的均衡，是力和重心的矛盾统一，具有相对性。对称是均衡的完美表现，而均衡却不一定要通过对称来获得。

一、对称的形式

对称指的是从某位置测量时，在等位置上有相同的形态关系。对称是最基本的创造秩序的方法，是取得均衡效果最直接的方法。对称可以产生庄重、稳定、严肃、单纯等感觉，但也可能产生呆板、沉闷、缺少生气等负面感觉。

在对称和非对称之间还存在着一类中间状态——即亚对称。在一整体对称的形态构成中，存在局部的非对称形态，并对整体的形态只起到调节作用，我们称之为亚对称。

具体的对称方式有（图6-1）：

（1）轴对称。图形以对称轴为中心，上下、左右或倾斜对应的镜照式排列。

（2）平移对称。图形在保持平衡的状态下，方向不变，按照一定规则平行移动所得到的形状，叫平移对称。

（3）旋转对称。使在原点上的图形按照一定的角度旋转，形成从中心向四周放射回转的平衡运动状。

（4）膨胀对称。图形按照一定比例放大排

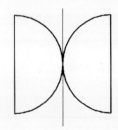

图6-1 从左到右分别是轴对称、平移对称、旋转对称、膨胀对称

图 6-2　太和殿室内九龙金漆宝座的对称

列叫膨胀对称。

　　从心理学角度来看，对称满足了人们心理和生理上的对于平衡的要求，对称是原始艺术和一切装饰艺术普遍采用的表现形式，对称形式构成的图案具有重心稳定和静止庄重、整齐的美感。对称这种形式结构带来的视觉感受是安定和端庄，与其他形式法则相比更具有规范性和严谨性，能够表现出井然有序、安静平和、庄严肃穆的画面（图6-2），运用对称布局时可加入一些对比的元素，例如色彩对比等，使其避免产生拘谨、呆板的印象。

　　我们在日常生活中也经常看到不对称的设计，这种设计往往以随意和不经计划的形式出现。但实际上，不对称平衡运用起来比对称平衡更为错综复杂。在一个中心的两边以镜像的形式重复相同的元素，这样的设计工作并不复杂；想要平衡不同的元素显然需要更多、更细致的深思熟虑。在桥梁领域，细致的工程和设计规划比其他设计更为重要，这是出于安全的考虑。卡拉特拉瓦（Calatrava）设计的阿拉米略桥（图6-3）跨越西班牙塞维利亚阿方索十三世运河，其表现出来的不对称性混淆了我们通常对于稳

图 6-3　卡拉特拉瓦设计的阿拉米略桥

定的期望，结果诞生了这座具有活力的大桥，令人过目难忘。

二、均衡的种类

　　均衡的概念在力学上是指支点两边的不同重量通过调整各自的力臂而取得平衡。形态构成上的均衡概念是指感觉上的形的重心与形的中心重合。取得均衡的方法是，在改变图形的位置时相应地改变其在整体中所占比重。形与形的均衡可通过调整位置、大小、色彩对比等方式取得。

　　均衡可以分为对称均衡和不对称均衡两种方式。

　　（1）对称均衡：指画面沿中心轴左右或上

下构成对称形态，这是一种静态均衡，在人们心里产生理性的严谨、条理性和稳定感；

（2）不对称均衡：指画面没有中心轴，图形排布没有严格的对称关系而是自由随机地分布在画面的各个部分，但是却仍然给人视觉上平衡感的一种形式，是一种动态均衡（图6-4）。

在园林设计中，中西方园林分别采用不对称均衡与对称均衡构图，从而体现出各自不同的特色。西方园林所体现的是人工美，在布局上讲究对称、规则、严谨，草坪花木都修饰得整整齐齐，从而呈现出一种几何图案美，在西方人眼里，园林是建筑的延伸，几何的建筑与几何的园林共同形成完美的构图，因此在造园手法上更注重绝对对称均衡。西方规则式园林主要以法国古典主义园林为代表，法国巴黎的凡尔赛宫是西方规则式园林的代表作之一（图6-5），园林与凡尔赛宫建筑一样采用对称布置的手法用来共同烘托君权至高无上以及皇权的威严，对称均衡构图才产生出凡尔赛宫非凡的美，使其成为闻名世界的佳作。而中国古典园

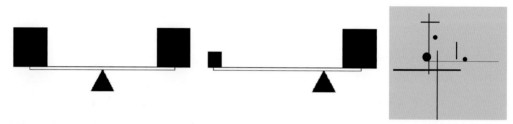

图 6-4 从左到右分别是对称均衡和两组不对称均衡

图 6-5 法国巴黎凡尔赛宫花园采用对称均衡构图

图 6-6 中国四大名园之一苏州拙政园采用不对称均衡构图

林讲求自然美，追求的是"虽由人作，宛自天开"的艺术境地，在构图中则更侧重于不绝对对称均衡。中国古人讲究天圆地方，建筑要中规中矩，方方正正，而园林则要师法自然，从而才能达到阴阳平衡，因此中国古典园林多采用不规则的构成图，通过不绝对对称来达到均衡。中国四大名园之一的苏州拙政园全园以水为中心（图6-6），山水萦绕，花木繁茂，充满诗情画意，具有浓郁的江南水乡特色。花园分为东、中、西三部分，东花园开阔疏朗，西花园建筑精美，而中花园以小飞虹、远香堂为代表体现了全园的精华，池水旷朗清澈，建筑亭榭精美，形成了各具特色又相对均衡的画面。

第二节　节奏与韵律

　　节奏与韵律在视觉艺术中是一个重要的审美尺度，现代设计中节奏与韵律的多种变化具广泛的应用价值。节奏是规律性的重复，韵律是节奏的变化形式。节奏和韵律是从音乐中借用的概念，在音乐中，音符有规律的长短、强弱、快慢，长短的变化和重复构成了节奏，通过音乐的旋律产生节奏。英国著名的文艺理论家沃尔特·佩特（Walter Pater）曾指出："一切艺术都是向往着音乐的情态……所有的艺术都在不断地向着音乐的境界努力。"这种"音乐的情态"就是艺术设计中节奏与韵律的形象化表现。设计师在进行创作探索时，使作品在设计中呈现出有情感、有活力的节奏与韵律是至关重要的。

　　在造型设计中，节奏和韵律是一组关于形态在视觉的运动感方面的关系要素，与视觉美学有着密切的联系。造型活动就是借用了视听艺术与视觉艺术的这种共同因素，来表现造型艺术中时空关系及动态的美感。

一、节奏产生的方式

节奏在造型艺术中被认为是反复的形态和构造，它是指一些形态要素有条理地反复、交替或排列，使人在视觉上感受到动态的连续性，从而产生节奏感。形体按一定的方式重复运用，这时作为基本单元的形感觉弱化，而整体的结合形态就产生了节奏感。有如下的几种节奏方式：

（1）重复。同一基本单元形以同一方式反复出现，如简单的同形等距排列加上基本单元形的大小、间距或颜色变化等的重复。

（2）渐变。基本单元的形状、方向、角度、颜色等在重复出现的过程中连续递变。渐变要遵循量变到质变的原则，否则会失去调和感。渐变可避免简单重复产生的单调感，又不至于产生突发的印象。

（3）韵律。韵律是指按一定规则变化的节奏。根据不同的组织方法能产生多种表现形式，如舒缓、跃动、流畅、婉转、热烈等。

建筑大师王澍设计的东莞理工学院松山湖校区的师范学院艺术楼（图6-7）背山面水，环境优美。整体建筑顺应地势，掩映于山林坡地间并向水面舒展开来。正如王澍所说："建筑与其是在某种坚固的基础上向上竖立的东西，毋宁说是水平方向上无所不适、不拘一格的延展。"艺术楼三栋主体建筑均为长方体，造型简洁，高低错落，色彩一致。重复的造型形成了节奏韵律感，而延伸出水面的建筑因其作为舞蹈室和演奏厅，功能上有别于左侧两栋教学办公楼，故长方体的方向和形态发生变化，整体建筑形态和谐统一又富有变化。

台湾设计师郑棠远设计的虱目鱼松包装采用了镂空的鱼鳞图案（图6-8），鱼鳞的重复产生一种节奏感，将内盒拉开时，内包与外包装镂空的鱼鳞呼应，形成鱼鳞闪动的效果，宛如波光粼粼。再打开外包装盒显露出鱼头和鱼尾，会让人有种意外的惊喜以及迫切与人分享的激动。外包装以传统水墨的挥毫营造虱目鱼的意象，灰阶色系取自虱目鱼本身的银灰色。

图 6-7 东莞理工学院师范学院艺术楼体现的建筑的节奏

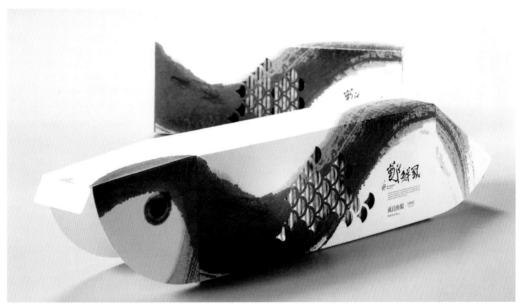

图 6-8 郑棠远设计的虱目鱼松包装

二、节奏与韵律的关系

韵律是以节奏为基础，加上一定情调的色彩而形成。《说文解字》认为："韵，和也"。韵律指和谐，和谐即为韵，有规律的节奏为律。韵律就是具有和谐之美，给人以情趣，满足人的精神享受。一般认为节奏带有一定程度的机械美，而韵律又在节奏变化中产生无穷的情趣。节奏富于理性，而韵律则富于感性。韵律不是简单的重复，它是有一定变化的互相交替，是情调在节奏中的融合，能在整体中产生不寻常的美感。韵律是节奏的变化形式，它变节奏的等距间隔为几何级数的变化间隔，赋予重复的音节或图形以强弱起伏、抑扬顿挫的规律变化，从而产生优美的律动感。节奏与韵律是密不可分的统一体，是美感的共同语言，是创作和感受的关键。节奏与韵律往往互相依存，互为因果。韵律在节奏基础上丰富，节奏是在韵律基础上的发展。

在家具造型设计中，通过家具构件的重复排列或交错出现，雕刻装饰图案的重复和连续，木纹拼花的交错组合，织物图纹的配合应用等都可形成节奏、韵律的美感。传统图案的繁复是有别于现代设计的一大特征，但传统图案的繁复绝不是简单地罗列，单纯地重复，它更加讲究在纷繁中体现出节奏和韵律，对比与调和，将疏密、大小、主次、虚实、动静、聚散等做协调的组织，做到整体统一、局部变化，局部变化服从整体，即"乱中求序""平中求奇"。如明清家具中云纹牙头、结子等结构件的重复应用，或人字档、"卐"字纹、方回纹、勾回纹、卷草纹、如意纹、百吉纹、云纹雕饰图案的重复排列，既具吉祥寓意又含节奏韵律，形成了明清家具独特的设计风格。图 6-9 的清代紫檀五开光鼓墩，均匀镂出五个壶门，表面满雕吉祥的如意方钩纹饰，从而产生虚实、重复、连续的节奏韵律美感。

徽州民居的马头墙是建筑在结构上面的一个具有标志性的艺术形态特征（图 6-10）。马头墙的实用价值在于防火防盗，砌筑成马头形的山墙建筑主体，可起到阻隔火势蔓延的作用。马

图 6-9 清代紫檀五开光鼓墩

图 6-10 徽派建筑的马头墙

头墙的正面立着的高墙皆采取均衡对称的形式，中间天井处低，左右两侧高，高和低协调而立，造型优美，层层叠叠，错落有致，再配上墨线描绘出的花纹、人物画或山水画别有一番韵味，让静的建筑顿时展示出骧跃腾挪的动态。

第三节 对比与调和

自然界充满了对比，天地、陆海、白昼黑夜、红花绿叶等，都是对比的现象。除了视觉，还有听觉上的对比，乐曲中强弱、快慢的对比等。我们应努力观察、发现自然中的对比现象，并运用在设计之中。对比是一种被广泛运用的原则，可以使作品产生明朗、肯定、强烈的视觉效果，给人以深刻的印象，也可以通过对比增加作品的层次感。对比与调和是相对而言的，没有调和就没有对比，它们是一对不可分割的矛盾统一体，也是取得图案设计统一变化的重要手段。

一、对比的手法

对比的手法非常多，我们在第三章关系元素中讲到的变异、密集就是运用对比手法形成的，变异可以通过大小、形状、方向、色彩、肌理的突变形成，对比也可以通过这些方面的差异形成，密集也是通过疏密对比产生的。对比的手法具体而言有大小对比、形状对比、方向对比、疏密对比、虚实对比、明暗对比、色彩对比、肌理对比、空间对比，等等（图 6-11）。

  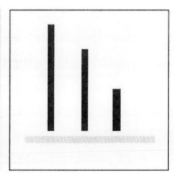

图 6-11 从左到右分别是大小对比、形状对比、方向对比

图 6-12 元代画家黄公望的《富春山居图》局部

中国画讲究意境，画作很少填满，通过留白表现出一种虚空的景象，令人产生无限联想，而着墨处则体现"实像"，此即"计白当黑"，用空、白来烘托实、黑，体现了中国画创作中的虚实对比。元代画家黄公望的《富春山居图》是中国十大传世名画之一（图 6-12），表现的是浙江富春江一带的景色：峰峦叠翠，松石挺秀，云山烟树，沙汀村舍。画面采用多种对比手法，巍峨的高山与浩瀚的江水，一高一低、一静一动、一实一虚、一密一疏形成多重对比，使得画面内容层次丰富，充满生机。画家以清润的笔墨、简远的意境，把浩渺连绵的江南山水表现得淋漓尽致。

二、调和的方法

调和不是自然发生的，而是人为地、有意识地合理配合。构成美的对象在部分之间不是分离和排斥，而是统一、和谐，被赋予了秩序的状态。一般来讲对比强调差异，而调和强调统一，适当减弱形、线、色等图案要素间的差距，形成整体统一感。第四章讲了色彩调和的方法，通过相近色、类似色、对比色、互补色的调和可以达到色彩间相互协调的效果，其实在设计中除了色彩调和以外，我们还可以将设计的基

本元素在形状、方向、位置、大小等多个方面采用调和的手法。

此外，边界在设计中对形的整体调和产生重要意义。边界确定形的轮廓，是我们辨别形体的依据，也是划分形的界线，比如城市中优美的天际线、建筑的轮廓线、植物与硬质铺装的分界都指的是边界，可见边界对于造型是非常重要的。任何图形在把它放在一个轮廓线内考察时，其自身形态的意义就会因为有了这个新的轮廓线边界而降低，我们会将主要的注意力放在这个轮廓线上。处理边界的方法大致有三类：第一种是在轮廓部分不做特殊处理；第二种是用特异的形来做轮廓线；第三种是渐变法，就是从形的内部逐渐过渡到异质的边界。

剪纸艺术是中国最古老的民间艺术之一，用于装点生活，传承赓续的视觉形象和造型格式，蕴涵了丰富的文化历史信息，寄托着人们对美好生活的向往，2009 年入选世界级非物质文化遗产名录。中国剪纸作为一种纸上雕花的镂空艺术具有广泛的群众基础。图 6-13 所示是人民艺术家郭海珍的剪纸艺术作品《福》，作品边界采用较粗的红线条界定出福字的外形，将内部丰富的图案统一在福字的边界内，尽管内部图案非常多，有老虎、石榴、钱币、花朵等，

图 6-13 郭海珍的剪纸艺术作品《福》

但都界定在福字的边界内，正是由于边界的作用突出了作品的整体感。

第四节　分割与比例

　　分割和比例都是和数学相关的规律，是均衡的一种定量特例，具有一定数学比例关系在视觉上会显得协调与悦目，包括长度与面积。在平面上，图形按照一定的比例加以分割，形成部分与整体以及部分与部分之间的关系。比例指的就是图形的各部分之间，或者图形与整体之间的大小、长短、面积的对比关系。同时彼此之间包含着匀称性，是和谐的一种表现，是图形相互比较的尺度表现。比例是构成设计中一切单位大小，以及各单位之间编排组合的重要因素，如形体的长、宽、高，构成一种比例关系。

一、分割的形式

　　分割是将整体进行切割，将平面空间划分为多个区域，以确定各造型元素合理的比例和形态。在第五章造型方法中讲到分割类造型可采用等形分割、等量分割、比例—数列分割和自由分割。其中的比例—数列分割又可采用等差数列、等比数列、平方根形数列和黄金分割比等形式。

　　（1）等差数列：$1d$、$2d$、$3d$、$4d$、$5d$……

　　（2）等比数列：$1d$、$2d$、$4d$、$8d$、$16d$……

　　（3）平方根形数列：$1d$、$\sqrt{2}\,d$、$\sqrt{3}\,d$、$\sqrt{4}\,d$、$\sqrt{5}\,d$……

　　（4）黄金比例：将一段线分割成两部分（图 6-14），其中小段（$a-b$）与大段（b）之比等于大段（b）与整体（a）之比，这个比值等于 0.618，将这一比例关系用到矩形就得出黄金比例矩形，用黄金比形成的螺旋线就是黄金分割螺旋线，在艺术设计中经常用到黄金比例来控制局部与整体的关系。

　　比如达·芬奇（Leonardo da Vinci）创作的世界名画《蒙娜丽莎》就是采用了黄金比例（图 6-15），人的身体和脸部微微侧倾，使其人脸的各部分比例都精准地呈现出黄金比，非常巧妙和恰当，头部与身体的比例又是一组黄金比，利用黄金矩形和黄金分割螺旋线使得各部分之间以及部分与整体之间都达到一种完美的

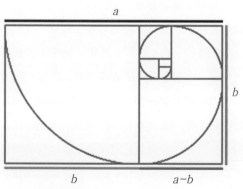

图 6-14 黄金分割比

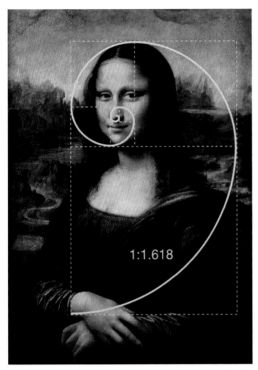

图 6-15 达·芬奇创作的《蒙娜丽莎》运用黄金分割螺旋线控制部分与整体的比例关系

和谐。正是因为这组由大到小的黄金比例，使得画面看上去非常舒服，再加上背景采用了色彩调和以及不对称均衡构图的风景透视，加大了景深，整个画面给人既富有神秘又亲切温和的感觉。这种美的感觉是建立在理性分析的基础之上，正如德国哲学家鲍姆加登（Alexander Gottlieb Baumgarten）在其著作《美学》中所说，"美学研究的主题是感性，却应该以理性为基础"。

二、比例的应用

恰当的比例在形式美中具有独特的魅力和作用。比例美是人们视线的感觉，不同的比例分割会产生不同的感受，如端庄、朴素、大方等。一般情况下，比例关系越小，画面越有稳定感；比例关系越大，画面的变化越强烈，不容易形成

统一。人们在长期的生产实践和生活活动中一直运用着比例关系，柏拉图认为"美就是恰当"，笛卡儿也认为"美是一种恰到好处的协调与适中"。随着对大自然深入的研究，我们发现了一种恰当的比例，这种比例有一种协调的美感，而这种美感被文艺复兴大师达·芬奇认为"是完全建立在各部分之间神圣的比例关系上"。比例的美感范式指的就是黄金分割。"黄金分割比例"是公认的美学定律，在建筑、绘画、雕塑、音乐、视觉设计等领域中广泛应用。

最早研究人体与建筑比例的学者是古罗马建筑家维特鲁威（Marcus Vitruvius Pollio）。维特鲁威认为人体存在和谐的比例关系，并基于这种对人体比例的认识以及其朴素的审美意识，提出神殿建筑物应以完美的人体比例为基础。在其《建筑十书》中有这样的论述："没有均衡或比例，就不可能有任何神庙的位置。即与姿态漂亮的人体相似，要有正确分配的肢体。"在维特鲁威人体比例说的影响下，古希腊时期的建筑及雕塑体现出较明显的人体比例特征。帕台农神庙是古希腊建筑艺术伟大的典范之作，其优美的多立克柱式及精细的装饰、精美的浮雕都折射出无穷的艺术魅力（图6-16）。从建筑外形上看，帕台农神庙气宇非凡，东西宽31m，东西两立面山墙顶部距离地面19m，其立面高与宽的比例为19∶31，视觉上接近"黄金分割比"，符合人类的视觉审美，给人以优美的视觉感受。

"断臂维纳斯"即《米洛斯的维纳斯》一直被视为世界上最美的象征（图6-17），得益于这尊雕像有着接近完美的人体比例关系，虽然这尊雕像并不完整，但它所带来的美感却没有因为这种残缺而有丝毫的消减，反而让我们更加全神贯注地欣赏它匀称均衡的身体曲线。维纳斯雕像以肚脐为分界线，上身与下身的长度

图 6-16 古希腊帕台农神庙

比例约为 0.618∶1，头部和身体的比例为 1∶8。古希腊人在雕刻时会严格遵守这个比例。他们开创性地定下这些比例关系，去帮助民众认识美与丑。这是人类认知的巨大进步。在长期的实践中，这种和谐的比例与人的生理和心理结构形成了协调关系，人们对它感到习惯，进而转化为喜爱，并形成最朴素的审美观与拟人化的审美尺度。久而久之，这种和谐的比例关系就成为人们评价美的标准之一。

　　13 世纪意大利数学家斐波那契（Fibonacci）进一步研究了黄金比例，并发现了"斐波那契数列"。这一时期的诸多理论建树使人们相信黄金比例关系存在于众多事物当中，这也许就是人们一直在寻找但早已存在的"自然美"规律。黄金分割的美学价值由此得到证实，并被引入艺术设计与美学创作之中。事实证明，黄金分割展示了事物变化与统一的规律、事物相互排斥和联系的辩证关系，因而黄金分割不但具有

图 6-17 《米洛斯的维纳斯》雕像

美学价值，也具有哲学和科学价值。

　　黄金分割法作为包豪斯设计学院设计哲学的核心理念之一，在现代设计领域得以推崇。图6-18所示是1923年包豪斯设计学院设计展览会上展出的一张招贴，这张招贴被视为现代平面设计中的经典构图形式，一直被不断模仿。直到今天，以这种构图方式制作的平面设计作品也屡见不鲜。看似散落的元素却让整个画面散而不乱，倾斜的主体并未让画面出现任何不稳定感，这都与海报的黄金分割构图密不可分。

　　我们在设计中应有意识地运用对称与均衡、节奏与韵律、对比与协调、分割与比例的形式美法则，让设计的形态符合人们的审美情趣，当然不同地域文化背景下人们的审美意识是有差异

的，我们设计的形态也应根据不同地域文化的差异性做出相应调整，另外形态也会随着功能的不同而有所侧重。无论运用哪种形式美法则，均离不开"多样统一"的整体原则，同时设计元素之间要形成一定的逻辑和秩序，使得形态整体协调且内容丰富。设计作为一种理性与感性共存的艺术活动，在强调形态之间的比例、均衡、对比、统一、节奏、韵律等方面的同时，又讲究图形给人的视觉、心理和情感上的暗示和引导作用。设计涉及内容（功能）与形式（形态）两个方面，内容决定形式，形式受内容限制。一个优秀的设计必定是形式对内容的完美表现。另一方面，形式在服从内容的同时也具备相对的独立性，正因为如此，设计才有可能实现对形式的完美追求。

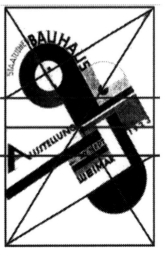

图 6-18 包豪斯设计学院设计展览会招贴的黄金分割视觉结构

【单元思考与练习】

思考

1. 形式美法则主要考虑哪些形式内容？

2. 形态构成与形式美法则有什么关系？运用形式美法则进行设计有什么作用？

练习

目的：

1. 培养在生活中发现美、创造美的能力。

2. 从日常生活的小制作入手，培养对形的敏感性、归纳性和创造性，为今后的设计做准备。

内容：

利用纸板为基本材料，完成一个与个人学习、生活密切相关的，有一定使用功能的小制作。本次练习的实用功能规定为"可坐"，高度不低于 30cm，制作须用抽象几何形体构思。

提示：

1. 瓦楞纸广泛应用在商品的运输包装上，但完成了包装功能后即成了废弃物。本课题以废弃的瓦楞纸箱为材料设计一个足够支撑起设计者本人重量的构成体。

2. 要充分利用瓦楞纸这种材料特性进行结构设计（一般的瓦楞纸由三层纸组成，中间的瓦楞是经过"折叠"的纸，这样就加强了纸的纵向抗弯强度，在构思支撑物时要充分考虑瓦楞纸纵横方向强度存在差异性的特点）。

3. 要研究材料自身的连接方式，不用或少用黏结剂，能自由拆卸，要靠巧妙的结构设计来塑造形体，其中材料的连接也成了结构设计的一部分，且具有美感。

要求：

1. 要考虑该制作的形状、形体、大小尺寸、材料的连接方式，设计要力求简单、实用、制作合理。

2. 设计要求 300 字左右的说明，内容包括设计说明、分析图、支撑物的模型照片等。

3. 1：1 实体模型，完成的作品应该能够经受实际使用的检验。

点评："为坐而设计"练习是检验学生综合掌握基础设计知识的训练，在练习中学生既要考虑设计的实用性——"坐"，满足材料受力要求以及符合人体尺度要求；又要考虑设计的美观性——形式美，外观形态满足多样统一的要求；同时还要考虑材料性能，考虑完成作业的可行性和经济性。该作品以废弃的瓦楞纸箱为材料，经济环保，利用瓦楞纸便于加工的特性，采用相互穿插的结构形式固定材料，方便拆卸，同时在尺度和比例上也考虑了人体尺度，满足坐的舒适性。作品在外观形态上采用对称手法，达到均衡稳定的视觉效果，连接处的重复要素富有节奏韵律感，增添了视觉的美感。作品侧立面利用三角形的稳定性作为整体结构支撑上部荷载。作品从学生的日常生活出发，通过巧妙构思、精心的设计制作，较好地实现了设计在功能上的实用性和形式上的美观性，同时锻炼了学生的构思能力、观察能力和动手能力，激发学生的创作欲望（图 6-19）。

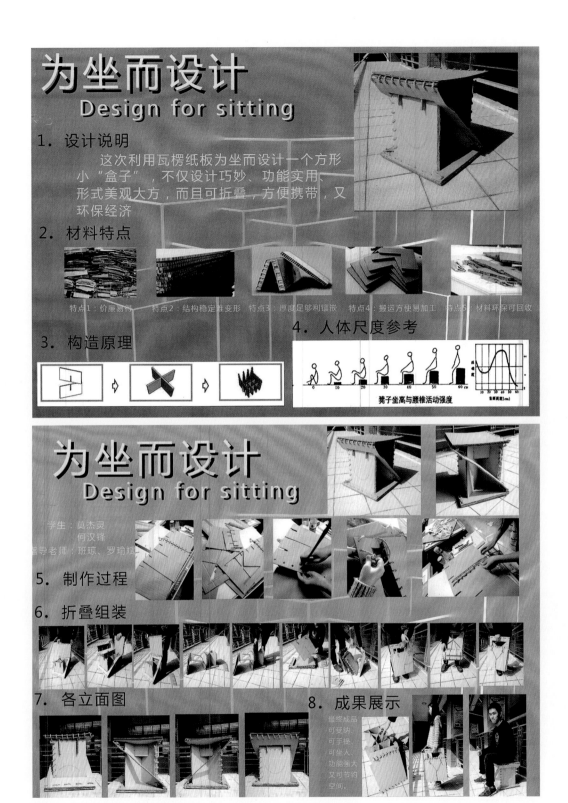

图 6-19 学生作业——"为坐而设计"

图片来源

第一章插图

图 1-1 SendPoints 善本 . 极简之道：日本平面设计美学 [M]. 上海：文汇出版社，2020.

图 1-2 德国 iF 设计奖官网 . If GOLD AWARD 2022[DB/OL]. [2022-09-01]. https://ifdesign.com/en/winner-ranking/project/galaxy-z-flip3/345488.

图 1-3 邬翠芳 . 浅谈座椅的视觉之美：以圈背交椅和巴塞罗那椅为例 [J]. 建材与装饰 . 2020(1):109-110.

图 1-4 编者自制

图 1-5 惊鸿似人间 . 饮食与政治：人类社会的发展赋予了饮食新的使命 [DB/OL]. (2021-04-19) [2022-09-01]. https://www.163.com/dy/article/G7VD85RS0543LPX8.html.

图 1-6 意公子 . 大话中国艺术史 [M]. 海口：海南出版社，2022.

图 1-7 杨培玲 . 司母戊鼎 莲鹤方壶：从纹样和造型研究青铜器的发展 [J]. 新美域，2022(9):73-75.

图 1-8 国际范儿 . 包豪斯是一所学校，一个理想，一种风格 [DB/OL]. (2019-01-31) [2022-09-10]. https://www.sohu.com/picture/292536961.

图 1-9 佚名 . 中国人的审美差异，比贫富差距还大？我们需要再经历一次包豪斯 [DB/OL]. (2019-01-31) [2022-09-10]. http://www.signage911.com/article/5205.html.

图 1-10 [美] 大卫·A. 劳尔，史蒂芬·潘塔克 . 设计基础 [M]. 长沙：湖南美术出版社，2015.

图 1-11、图 1-12 东莞理工学院建筑学专业本科一年级《建筑设计基础》学生作业

图 1-13 编者自制

第二章插图

图 2-1 ~ 图 2-3 编者自制

图 2-4 佚名 . 生命之泉：水 [DB/OL]. [2022-09-01]. https://baijiahao.baidu.com.

图 2-5 田学哲，郭逊 . 建筑初步 [M]. 北京：中国建筑工业出版社，2019.

图 2-6 编者自制

图 2-7 方无 . 上海·东方明珠广播电视塔 中国人的"上海情结" [J]. 城市地理，2020（10）：82-85.

图 2-8 靳埭强 . 视觉传达设计实践 [M]. 北京：北京大学出版社，2015.

图 2-9 克瑞思作品集 . 浅析"点、线、面"在平面设计中的特点及运用 [DB/OL]. [2022-09-14]. https://zhuanlan.zhihu.com/p/366385000.

图 2-10 ~ 图 2-12 编者自制

图 2-13 ~ 图 2-15、图 2-23、图 2-27 朝仓直巳 . 艺术·设计的平面构成 [M]. 南京：江苏科学技术出版社，2018.

图 2-16、图 2-17 北京冬奥组委 . 冬奥元素 [DB/OL]. (2022-01-29) [2022-09-14]. https://www.sport.gov.cn/n4/n23848493/n23848955/c23961180/content.html.

图 2-18 毋婷娴拍摄

图 2-19 ~ 图 2-21 编者自制

图 2-22 佚名 . 永远的贝多芬 [DB/OL]. [2022-09-14]. https://image.baidu.com.

图 2-24 意公子 . 大话西方艺术史 [M]. 海口：海南出版社，2020.

图 2-25 佚名 . 圣罗兰的蒙德里安裙，时尚与艺术的跨界设计，颠覆我的想象！[DB/OL]. (2020-12-11) [2022-09-18]. https://www.163.com/dy/article/FTJAIVUE054250J0.html.

图 2-26 央视新闻客户端 . 多国媒体点赞北京冬奥会开幕式：向世界传递团结与合作的讯息 [DB/OL]. (2022-02-07) [2022-09-20]. https://taiwan.cri.cn/2022-02-07/eaff3575-a9df-1b41-d93e-1ca03a8f9e76.html.

图 2-28 佚名 . 百岁贝聿铭 | 法国卢浮宫内珍藏的宝石玻璃金字塔 [DB/OL]. (2017-04-10) [2022-09-20]. http://www.zhuxuncn.com/userpage/article/detail?blog_id=78&id=3671.

图 2-29 斯然畅畅 . 卢浮宫玻璃金字塔：贝聿铭的现代建筑纪念碑 [J]. 中国艺术，2019（7）：86-95.

图 2-30、图 2-31 保罗·戈德伯格 . 弗兰克·盖里传 [M]. 杭州：中国美术学院出版社，2018.

图 2-32、图 2-33 田学哲，郭逊．建筑初步 [M]．北京：中国建筑工业出版社，2019．

图 2-34 编者自摄

图 2-35 东莞理工学院文化产业管理专业本科二年级《基础设计》学生作业

第三章插图

图 3-1 ~ 图 3-3 编者自制

图 3-4（左）佚名．今日影评｜这里有一次给 86 版《西游记》加特效的机会 [DB/OL]．（2017-05-24）[2022-10-08]．https://www.sohu.com/a/143203371_786478．

（右）佚名．孙悟空艺术字 [DB/OL]．[2022-10-08]．https://www.16pic.com/psd/pic_307341.html．

图 3-5、图 3-6 佚名．谧境｜云行空间建筑设计 [DB/OL]．（2020-05-14）[2022-10-08]．https://www.justeasy.cn/works/mcase/Nk1kZUZvNnBrU0F1dDl0enY0YW5kQT09.html．

图 3-7 佚名．从纽约、巴黎到墨尔本，全球最具影响力的 28 座公共雕塑 [DB/OL]．（2020-08-14）[2022-10-10]．https://baijiahao.baidu.com/s?id=1674991418480884637&wfr=spider&for=pc．

图 3-8 田学哲，郭逊．建筑初步 [M]．北京：中国建筑工业出版社，2019．

图 3-9 中央电视台．庆祝中华人民共和国成立 70 周年阅兵式 [DB/OL]．[2022-10-11]．http://tv.cctv.com/2019/10/02/VIDAjnTGyOu4kpdJOTnwFlub191002.shtml．

图 3-10 故宫博物院官方微博．瑞雪兆丰年 [DB/OL]．[2022-10-11]．https://www.weibo.com/gugongweb．

图 3-11 ~ 图 3-15 编者自制

图 3-16、图 3-64 大卫·A. 劳尔，史蒂芬·潘塔克．设计基础 [M]．长沙：湖南美术出版社，2015．

图 3-17 刘家琨．鹿野苑石刻艺术博物馆 [J]．城市环境设计，2009（12）：62-65．

图 3-18 佚名．刘家琨鹿野苑石刻艺术博物馆解读 [DB/OL]．[2022-10-15]．https://www. 51wendang.com/doc/8eff01d6752263de63f5bd75/5．

图 3-19 新华社记者．中国"冰雪之约"许未来以光明 [DB/OL]．[2022-10-15]．https://www.sport.gov.cn/n4/n23848493/index.html．

图 3-20、图 3-21 编者自摄

图 3-22 ~ 图 3-25、图 3-42、图 3-71、图 3-72、图 3-74 ~ 图 3-77 吴晓兵．平面构成 [M]．合肥：安徽美术出版社，2006．

图 3-26 ~ 图 3-29 编者自制

图 3-30 ~ 图 3-33、图 3-40、图 3-44、图 3-46、图 3-54、图 3-55、图 3-60、图 3-65、图 3-73、图 3-82、图 3-83、图 3-85 张萍萍．平面构成 [DB/OL]．[2022-10-20]．https://www.icourse163.org/course/NCLG-1461391163．

图 3-34 佚名．当时尚与大自然碰撞，演绎渐变礼服之美 [DB/OL]．https://www.sohu.com/a/404582340_750151．

图 3-35 姜饼粿汁．河南卫视水下飞天洛神舞好美 [DB/OL]．（2021-06-12）[2022-10-25]．https://www.douban.com/group/topic/230387632/?type =like&_i=0418607cPz9zG8．

图 3-36、图 3-37 佚名．中国"四大版本馆"同步开馆，杭州馆成人气王！[DB/OL]．（2022-08-15）[2022-10-25]．https://cj.sina.com.cn/articles/view/3120226247/b9fadfc70270154ca．

图 3-38 故宫博物院官网．故宫千里江山茶具套装 [DB/OL]．[2022-10-25]．https://www.dpm.org.cn/Home.html．

图 3-39 并非花瓶．微观世界的雪花 [DB/OL]．（2022-01-22）[2022-10-25]．https://baijiahao.baidu.com/s?id=1722664643047734556&wfr=spider&for=pc．

图 3-41、图 3-43、图 3-45、图 3-47、图 3-56、图 3-57 夏洁．构成进行时：平面 [M]．南京：东南大学出版社，2010．

图 3-48 刘晶，胡海燕，李妍．设计基础 [M]．北京：中国建材工业出版社，2008．

图 3-49、图 3-80 靳埭强．视觉传达设计实践 [M]．北京：北京大学出版社，2015．

图 3-50 佚名．2022 德国 iF 设计奖揭晓 [DB/OL]．（2022-04-19）[2022-10-24]．https://www.sohu.com/a/539330601_121222516．

图 3-51 ~ 图 3-53 编者自摄

图 3-58、图 3-59 编者自制

图 3-61 呼博，张玮，李甜．平面构成 [M]．镇江：江苏大学出版社，2017．

图 3-62、图 3-63 朝仓直巳．艺术·设计的平面构成 [M]．南京：江苏科学技术出版社，2018．

图 3-66 佚名．从良渚遗址到遗产保护：重视文化遗产与人的关系 [DB/OL]．（2020-11-06）[2022-10-24]．http://k.sina.com.cn/article_5044281310_12ca99fde02001f8fn.html．

图 3-67 丘濂．今天开始，他把凯旋门包了起来 [DB/OL]．（2021-09-18）[2022-10-24]．http://finance.sina.com.cn/

wm/2021-09-18/doc-iktzqtyt6826902.shtml.

图 3-68、图 3-69 佚名 . 托马斯·赫斯维克，鬼才设计师！[DB/OL]. （2022-01-10）[2022-10-24]. https://www.sohu.com/a/515602211_496435?_trans_=000019_wzwza.

图 3-70 潮玩研究社 . 在设计界，NIKE 依旧是顶流王者 [DB/OL]. （2020-06-18）[2022-10-24]. https://view.inews.qq.com/k/20200616A07E6A00?web_channel=wap&openApp=false.

图 3-78 佚名 . " 二战 " 纳粹战犯 97 岁被捕，曾犯下滔天罪行，犹太人到底应该怎么处置他呢？[DB/OL]. （2018-04-03）[2022-10-24]. https://www.sohu.com/a/227159376_699857.

图 3-79、图 3-81 编者自摄

图 3-84 呼博，张玮，李甜 . 平面构成 [M]. 镇江：江苏大学出版社，2017.

图 3-86 杨建飞 . 齐白石画集：鱼虾蟹 [M]. 杭州：中国美术学院出版社，2018.

图 3-87 佚名 . 密集构成 [DB/OL]. [2022-10-24]. https://www.51wendang.com/doc/40941 31e26a3716156c8c1ab/2.

图 3-88 东莞理工学院文化产业管理专业本科二年级《基础设计》学生作业

第四章插图

图 4-1 佚名 . 利用 AI 光谱分析法，作物营养数据反馈效率有望提高近 30 倍 [DB/OL]. [2022-10-24]. https://new.qq.com/rain/a/20211028A01NVY00.

图 4-2、图 4-4 ~ 图 4-6 编者自制

图 4-3 大卫·A. 劳尔，史蒂芬·潘塔克 . 设计基础 [M]. 长沙：湖南美术出版社，2015.

图 4-7、图 4-8 于国瑞 . 色彩构成 [M]. 北京：清华大学出版社，2019.

图 4-9、图 4-18 方晓珊 . 建筑水彩绘画技法 [M]. 南京：东南大学出版社，2009.

图 4-10 格赖斯 . 建筑表现艺术 [M]. 天津：天津大学出版社，1999.

图 4-11 佚名 . 静茶坊会所设计赏析 [DB/OL]. [2022-10-25]. https://www.sohu.com/a/2320 70720_99975798.

图 4-12 佚名 .《大鱼海棠》电影海报，仙气飘飘……[DB/OL]. （2020-10-05）[2022-10-25]. https://www.sohu.com/a/422662009_742071.

图 4-13、图 4-14 编者自摄

图 4-15 刘晶，胡海燕，李妍 . 设计基础 [M]. 北京：中国建材工业出版社，2008.

图 4-16、图 4-17、图 4-19 杨红 . 配色设计从入门到精通 [M]. 北京：人民邮电出版社，2017.

图 4-20 佚名 . 色彩搭配案例 / 国际流行色的七大类产品收集 [DB/OL]. [2022-10-25]. http://www.tianhuyun.com/homework/result/8088040/question/1885456.

图 4-21、图 4-22 佚名 . 荷畔舫城，三水文化商业综合体设计分享 [DB/OL]. （2020-05-14）[2022-10-25]. https://www.sohu.com/a/395168029_120365218.

图 4-23、图 4-24 佚名 . 清早楠木雕花独板大翘头案 [DB/OL]. （2019-11-29）[2022-10-25]. http://yiqianyuanmingqingjiaju.com/a/zihua/65.html.

图 4-25 ~ 图 4-27、图 4-30 张萍萍 . 平面构成 [DB/OL]. [2022-10-26]. https://www.icourse163.org/course/NCLG-1461391163.

图 4-28 佚名 . 传统古埙 [DB/OL]. [2022-10-26]. https://image.baidu.com.

图 4-29 佚名 . 撒盐绘画 [DB/OL]. [2022-10-26]. https://image.baidu.com.

图 4-31 呼博，张玮，李甜 . 平面构成 [M]. 镇江：江苏大学出版社，2017.

图 4-32 东莞理工学院文化产业管理专业本科二年级《基础设计》学生作业

第五章插图

图 5-1 起风了 . 美国 Cache Me if You Can 公共艺术装置设计 [DB/OL]. [2022-10-26]. http://www.landscape.cn/design/10894.html.

图 5-2 编者自摄

图 5-3 佚名 .《立体构成》作品展示 [DB/OL]. （2020-07-26）[2022-10-05]. http://www.lu-xu.com/tiyu/ 11376.html.

图 5-4、图 5-5 朝仓直巳 . 艺术·设计的立体构成 [M]. 南京：江苏科学技术出版社，2019.

图 5-6、图 5-7 编者自摄

图 5-8 李鹏伟 . 英国现代雕塑家亨利·摩尔雕塑形式探讨 [J]. 美与时代（下），2014（8）：60-63.

图 5-9 Donald Hoffmann. Frank Lloyd Wright's Fallingwater[M]: 2nd Revised edition. New York: Dover Publications, 1993.

图 5-10、图 5-11 编者自制

图 5-12、图 5-13 田学哲，郭逊. 建筑初步 [M]. 北京：中国建筑工业出版社，2019.

图 5-14 吴焕加. 论朗香教堂（上）[J]. 世界建筑. 1994(8): 59-65.

图 5-15 东莞理工学院建筑学专业本科一年级《建筑设计基础》学生作业

第六章插图

图 6-1、图 6-11 田学哲，郭逊. 建筑初步 [M]. 北京：中国建筑工业出版社，2019.

图 6-2 瑞宝谈古今. 故宫为何 600 年都不倒？修复时发现地下秘密，专家：朱棣太狠了 [DB/OL]. （2020-11-08）[2022-10-30]. https://baijiahao.baidu.com/s?id=1682773780597076125&wfr=spider&for=pc.

图 6-3 大卫·A. 劳尔，史蒂芬·潘塔克. 设计基础 [M]. 长沙：湖南美术出版社，2015.

图 6-4 张萍萍. 平面构成 [DB/OL]. [2022-10-30]. https://www.icourse163.org/course/NCLG-1461391163.

图 6-5 佚名. 中西方文化差异 [DB/OL]. [2022-10-30]. https://www.51wendang.com/doc/ace4b522131e26a3367bbecc/5.

图 6-6 佚名. 本庐建筑卢晓晖：因为热爱，所以执着 [DB/OL]. [2022-10-30]. https://new.qq.com/rain/a/20221014A05B6900.

图 6-7 编者自摄

图 6-8 善本出版有限公司. 发现中国元素 [M]. 北京：人民邮电出版社，2022.

图 6-9 佚名. 紫檀五开光鼓墩 [DB/OL]. [2022-10-30]. https://image.baidu.com.

图 6-10 佚名. 徽派建筑的马头墙 [DB/OL]. [2022-10-30]. https://image.baidu.com.

图 6-12 意公子. 大话中国艺术史 [M]. 海口：海南出版社，2022.

图 6-13 佚名. 人民艺术家郭海珍剪纸作品欣赏 [DB/OL]. （2022-02-26）[2022-10-05]. https://www.sohu.com/a/525670211_812119.

图 6-14 编者自制

图 6-15 佚名. "黄金分割" 揭开美学神秘面纱 [DB/OL]. （2020-06-24）[2022-10-05]. https://www.sohu.com/a/403984453_120613477?_trans_=000014_bdss_dkqgadr.

图 6-16 爱看的卡萨丁. 雅典鼎盛时期的建筑，希腊的文明摇篮 [DB/OL]. （2021-04-05）[2022-10-25]. https://www.163.com/dy/article/G6QUG3VN0517QQBA.html.

图 6-17 意公子. 大话西方艺术史 [M]. 海口：海南出版社，2020.

图 6-18 吴霞. 艺术设计中的黄金分割视觉结构分析 [J]. 包装学报，2012（1）：92-96.

图 6-19 东莞理工学院建筑学专业本科一年级《建筑设计基础》学生作业

参考文献

1. 张君 . 设计基础 [M]. 武汉：华中科技大学出版社，2020.

2. 意公子 . 大话中国艺术史 [M]. 海口：海南出版社，2022.

3. 意公子 . 大话西方艺术史 [M]. 海口：海南出版社，2020.

4. 大卫·A. 劳尔，史蒂芬·潘塔克 . 设计基础 [M]. 长沙：湖南美术出版社，2015.

5. 朝仓直巳 . 艺术·设计的平面构成 [M]. 南京：江苏科学技术出版社，2018.

6. 朝仓直巳 . 艺术·设计的立体构成 [M]. 南京：江苏科学技术出版社，2019.

7. 田学哲，郭逊 . 建筑初步 [M]. 北京：中国建筑工业出版社，2019.

8. 靳埭强 . 视觉传达设计实践 [M]. 北京：北京大学出版社，2015.

9. 夏洁 . 构成进行时：平面 [M]. 南京：东南大学出版社，2010.

10. 刘晶，胡海燕，李妍 . 设计基础 [M]. 北京：中国建材工业出版社，2008.

11. 吴晓兵 . 平面构成 [M]. 合肥：安徽美术出版社，2006.

12. 杨红 . 配色设计从入门到精通 [M]. 北京：人民邮电出版社，2017.

13. 方无 . 上海·东方明珠广播电视塔 中国人的"上海情结" [J]. 城市地理，2020（10）：82-85.

14. 谢俊 . 经典重温：贝聿铭大师建筑创作思想浅析——以苏州博物馆新馆为例 [J]. 中外建筑，2012（3）：69-75.

15. 胡伟 . 从蒙特里安的绘画风格看现代设计 [J]. 中国民族博览，2017（12）：171-172.

16. 斯然畅畅 . 卢佛尔宫玻璃金字塔：贝聿铭的现代建筑纪念碑 [J]. 中国艺术，2019（7）：86-95.

17. 刘家琨 . 鹿野苑石刻艺术博物馆 [J]. 城市环境设计，2009（12）：62-65.

18. 杨洲 . 伍重和悉尼歌剧院 [J]. 中外建筑，2009（4）：82-86.

19. 白鸽 . 色彩的对比与调和方法分析 [J]. 美术教育研究，2016（10）：36-42.

20. 马骏 . 肌理：设计中的时尚元素 [J]. 艺术百家，2011（7）：116-118.

21. 郭蔷薇 . 探讨艺术设计中的节奏与韵律 [J]. 现代装饰，2015（2）：217-218.

22. 李赐生 . 明清家具造型设计中的节奏与韵律美 [J]. 西北林学院学报，2007（2）：176-178.

23. 胡慧芬 . 论徽派古建筑的艺术表现美 [J]. 新美术，2018（4）：110-114.

24. 吴霞 . 艺术设计中的黄金分割视觉结构分析 [J]. 包装学报，2012（1）：92-96.

图书在版编目（CIP）数据

基础设计=BASIC DESIGN/罗瑜斌编著．—北京：
中国建筑工业出版社，2023.6
ISBN 978-7-112-28453-5

I.①基… II.①罗… III.①建筑设计 IV.①TU2

中国国家版本馆CIP数据核字（2023）第038813号

责任编辑：毋婷娴
责任校对：王　烨

基础设计
BASIC DESIGN

罗瑜斌　编著
*
中国建筑工业出版社出版、发行（北京海淀三里河路9号）
各地新华书店、建筑书店经销
北京方舟正佳图文设计有限公司制版
天津图文方嘉印刷有限公司印刷
*
开本：787毫米×1092毫米　1/16　印张：$8\frac{1}{2}$　字数：188千字
2023年7月第一版　2023年7月第一次印刷
定价：**89.00**元
ISBN 978-7-112-28453-5
　　　（40781）